“十二五”环保投资评估

Environmental Protection Investment Evaluation in the 12th Five-Year period

吴舜泽　逯元堂　陈　鹏　徐顺青　等 著

中国环境出版社・北京

图书在版编目（CIP）数据

“十二五”环保投资评估 / 吴舜泽等著. —北京：中国环境出版社，2017.3

ISBN 978-7-5111-3094-5

Ⅰ. ①十… Ⅱ. ①吴… Ⅲ. ①环保投资—经济评价—中国—2011-2015 Ⅳ. ①X196

中国版本图书馆 CIP 数据核字（2017）第 043847 号

出 版 人 王新程
责任编辑 陈金华 宾银平
责任校对 尹 芳
封面设计 宋 瑞

出版发行 中国环境出版社
（100062 北京市东城区广渠门内大街 16 号）
网 址：http://www.cesp.com.cn
电子邮箱：bjgl@cesp.com.cn
联系电话：010-67112765（编辑管理部）
010-67113412（第二分社）
发行热线：010-67125803，010-67113405（传真）

印 刷 北京中科印刷有限公司
经 销 各地新华书店
版 次 2017 年 3 月第 1 版
印 次 2017 年 3 月第 1 次印刷
开 本 787×960 1/16
印 张 8.25
字 数 150 千字
定 价 40.00 元

前　言

加强环保投资是实现环境保护目标、全面落实科学发展观、实现中华民族伟大复兴中国梦的重要保障和物质支撑。20 世纪 80 年代以来，伴随经济的快速发展和环境问题的逐步显现，我国环保投资在筹措渠道和市场机制方面不断完善，投资总量逐年增加，为改善环境质量、实现环境目标提供了重要的物质保障。“十二五”期间，随着我国经济步入新常态，国家出台多项政策提出建立吸引社会资本投入生态环境保护的市场化机制，推行环境污染第三方治理和政府与社会资本合作模式。市场化机制的不断完善有利于环境保护市场的进一步开放，带来以财政为主的环保投资格局向以社会资本为主的格局转变。

伴随环保投融资机制及政策的优化和创新，“十二五”环保投资在规模、结构、政策、发展态势等方面也呈现出了一些新的特点。本书围绕环境保护投资，从环保投资需求、环保投融资政策机制、环保投资概况、环保投资与经济指标的关联性、投资效益评估 5 个方面对“十二五”环保投资进行评估，在此基础上，全面剖析当前环保投资存在的问题及原因，并基于经济学模型对“十三五”的环保投资情况进行初步预测，提出做好“十三五”环保投资调控的政策建议。另外，在财税体制改革及环保新形势的背景下，我们还将环境保护 PPP、环境污染第三方治理、绿色金融等热点问题纳入研究范围，对未来环保投融资的新特点进行预判，为未来环保投资决策与管理指明方向。

本书共分8章。第1章由赵云皓执笔，第2章由朱建华执笔，第3章由徐顺青执笔，第4章由陈鹏执笔，第5章由吴舜泽、樊宇执笔，第6章由高军执笔，第7章由逯元堂、徐顺青执笔，第8章由逯元堂执笔。全书由吴舜泽、逯元堂、徐顺青、陈鹏统稿。

本书在研究中得到了环境保护部尤艳馨、张士宝、何军、杜会杰、龚成刚、张华平、王圻、王泽林、吕奔，中国环境监测总站景立新、王鑫等同志给予的悉心指导和鼎力支持。在此，我们表示诚挚的感谢！

我们深知自身研究力量有限，尚不足以发现和解决环境保护投融资存在的各方面问题，也有诸多领域本研究尚未触及，从研究进一步走向实践更需付出更艰辛的努力。本书之中难免存在不当之处，希望各位同仁和广大读者不吝赐教。谨以此书与各位读者共勉。

作　者

2017年2月7日

目　录

第 1 章 “十二五”环保投资[①]需求

“十二五”期间，为完成“十二五”环境保护目标任务要求，环保投资总体需求约为 3.4 万亿，用于重点工程的投资需求约为 1.5 万亿，与“十一五”相比，投资需求不断加大、结构不断优化。

1.1 “十二五”环保投资的阶段性特征

在经济新常态、财税体制改革等宏观背景和形势下，“十二五”时期，我国环保投资总体呈现规模不断加大、结构不断优化等特征，具体来看，主要表现出以下三大阶段性特征：

（1）污染治理设施的大规模建设阶段。“十二五”期间，新增氨氮和氮氧化物排放量控制两项约束性指标，全国新增城镇污水管网约 16 万 km，新增污水日处理能力 4 200 万 t，基本实现所有县和重点建制镇具备污水处理能力，加快燃煤机组、钢铁烧结、水泥、燃煤锅炉等的脱硫脱硝设施建设。“十二五”时期是污染治理设施大规模建设的阶段，环保投资需求继续加大。

（2）以解决突出环境问题为主的阶段。“十二五”期间，围绕总量减排、质量

---

① 本书所指环保投资，即环境污染治理投资，按照现行统计口径，包括老工业污染源治理投资、建设项目“三同时”环保投资和城市环境基础设施建设投资 3 个方面。其中，老工业污染源治理投资包括工业企业治理废气、废水、废渣、噪声、辐射等污染的在建工程或设施的建设投资；建设项目“三同时”环保投资主要是新建项目建设与主体生产设施同时设计、同时施工、同时投产的污染防治设施的投资；城市环境基础设施建设投资细分为五大类，分别为燃气、集中供热、排水、园林绿化和市容环境卫生。

改善、风险防范和环境基本公共服务体系完善 4 个方面，着力推进环境保护各项工作。城镇生活污水处理、生活垃圾处理、脱硫脱硝、重点区域大气污染防治等重点减排领域和涉及民生的重大工程是环保投资的重点。

（3）以规模型为主的污染治理投资阶段。分析表明，目前我国环保投资总体使用效益不高，主要通过大规模的投资以实现环境保护目标，单位投资的污染治理水平尚未得到有效提升，仍处于规模型投资阶段，尚未实现向效益型投资的转变。资金使用效益不高，进一步加剧了环境保护对投资总量的需求。

1.2 环保投资总体需求

根据“十一五”规划的经验，在《国家环境保护“十二五”规划》（以下简称《规划》）中明确了环境治理的投资方向和宏观需求，对引导各级政府和社会投资确能起到积极作用。在总结“十一五”环保投资完成情况的基础上，依据“十二五”环境保护主要任务，对“十二五”环保投资需求进行了认真的分析和估算。采用宏观与微观相结合的投资估算方法，①依据“十二五”期间污染减排目标与环境保护重点任务，按项目规模进行估算，如城市污水处理工程、垃圾处理工程、火电厂脱硫脱硝工程等；②根据构建的宏观投资预测模型进行测算，综合考虑“十二五”期间国内生产总值、固定资产投资等因素对环保投资的影响。估算结果表明，“十二五”环保投资需求约为 3.4 万亿元，比“十一五”（2.16 万亿元）增加 57.4%；约占同期 GDP 的 1.4%，与“十一五”期间基本持平；约占全社会固定资产投资总规模的 2.3%。将有效带动 GDP 累计约 4.8 万亿元。

“十二五”期间，环保投资总额实际为 4.17 万亿元。其中，城市环境基础设施投资为 2.42 万亿元，占环保投资总额的 58.0%；老工业污染源治理投资为 3 566 亿元，占环保投资总额的 8.6%；建设项目“三同时”环保投资为 1.40 万亿元，占环保投资总额的 33.5%。实际投资总额比需求投资总额多 0.77 万亿元，超出比例为 22.6%。

然而，现行环保投资范围从 20 世纪 80 年代初我国正式建立环境统计报表制度开始一直沿革下来，始终争议较大的是城市环境基础设施建设投资 5 个方面是否全部作为环保投资。其中，燃气、集中供热、园林绿化等虽然具有一定的环境效益，但其主要目的并非环境保护，与环境污染治理关系较为间接，欧盟一般将其归入环境受益活动。较高比例的环境受益活动拉高了环保投资总量，造成环保投资口径虚化，掩盖了环保投资总量不足的严峻现实。在这方面，我们的相关研究都对这种口径差异带来的分析问题、数据不可比问题、口径调整的紧迫性问题提出了相关的建议。

1.3　重点工程投资需求

实施重点工程，是解决突出环境问题的重要措施，也是实现“十二五”目标的关键。基于《规划》提出的八大重点工程所要开展的主要任务，估算投资需求为 1.5 万亿元左右，占总投资的 44%。据初步测算，“十二五”期间需中央财政专项资金、预算内基本建设资金近 5 100 亿元，主要用于八大重点工程项目建设，占全社会环保投资的 15%左右，占重点工程项目投资的 34%左右。

《规划》提出的重点工程包括主要污染物减排工程、环境改善民生保障工程、农村环保惠民工程、生态环境保护工程、重点领域环境风险防范工程、核与辐射安全保障工程、环境基础设施公共服务工程、环境监管能力基础保障人才建设工程共 8 项，各项工程的主要任务如下：

（1）主要污染物减排工程。该工程包括城镇生活污水处理、重点流域工业水污染防治、畜禽养殖污染防治、电力行业脱硫脱硝、钢铁烧结机脱硫脱硝、其他非电重点行业脱硫、新型大气污染物防控示范。具体做法：①加大污水配套管网建设力度，全面提升污水处理能力，加快污水处理厂升级改造，加强污泥处理处置设施建设，积极推动再生水利用，强化设施运营监管能力；②加强饮用水水源地保护，提高工业污染防治水平，积极推进环境综合整治与生态建设；③鼓励养殖小区、养殖专业户和散养户污染物统一收集和治理，全国规模化畜禽养殖场和养殖小区配套建设固体废物和污水贮存处理设施的比例达到 50%以上，实施畜禽废弃物能源化利用；④加大电力行业、钢铁烧结及石油石化、有色、建材等行业的工业窑炉脱硫脱硝设施建设与改造；⑤加强工业烟粉尘控制，推进燃煤电厂、水泥厂除尘设施改造，钢铁行业现役烧结（球团）设备要全部采用高效除尘器，燃煤锅炉安装静电除尘器或布袋除尘器；⑥加强含汞、铅、二噁英及苯并[a]芘等有毒废气环境管理。

（2）环境改善民生保障工程。该工程包括城市饮用水水源地环境保护、地下水污染防治、土壤污染治理与修复、重点区域大气污染防治项目。具体做法：①实施水源地一级保护区隔离防护、整治，推进水源地二级保护区点源整治，加强水源保护区非点源污染控制，加快水源地生态修复，提升水源地能力建设水平；②开展地下水污染调查，防治地下水饮用水水源污染，开展典型场地地下水污染预防、农业面源污染防治、地下水污染修复等示范项目；③开展土壤环境基础调查、耕地土壤环境保护、土壤污染源控制、土壤污染治理与修复试点示范等；④加强重点行业挥发性有机物污染治理、油气回收治理、交通污染治理等。

（3）农村环保惠民工程。“十二五”期间，开展农村环境综合整治。深化“以奖促治”政策，重点解决环境问题突出的村庄环境污染，全面推进农村环境综合整治。

（4）生态环境保护工程。“十二五”期间，开展重点生态功能区、自然保护区建设与生物多样性保护。重点加强全国主体功能区规划确定的重点生态功能区的保护和管理。开展国家级自然保护区规范化建设，提高管护水平。加大生物多样性保护优先区域的保护力度。开展生物多样性保护示范区、恢复示范区、减贫示范区建设。

（5）重点领域环境风险防范工程。该工程包括重金属污染防治、持久性有机物和危险化学品污染防治、危险废物和医疗废物无害化处置等工程。按照国务院正式批复《重金属污染综合防治“十二五”规划》，推进污染源综合治理、落后产能淘汰、民生应急保障、技术示范、清洁生产、基础能力建设、解决历史遗留问题试点等项目实施。开展持久性有机污染物削减与控制示范，加强老化工集中区的升级改造，推进危险化学品企业废弃危险化学品暂存库建设和处理处置能力建设。继续开展危险废物和医疗废物集中处置设施建设。

（6）核与辐射安全保障工程。“十二五”期间，建设核安全与放射性污染防治法规标准体系，推进核能与核技术利用安全持续改进，加强放射性污染防治，确保国家核与辐射环境安全。

（7）环境基础设施公共服务工程。加强城市生活垃圾无害化处理能力建设，直辖市、省会城市和计划单列市生活垃圾全部实现无害化处理，实现县县具备垃圾无害化处理能力。

（8）环境监管能力基础保障人才建设工程。“十二五”期间，加快推进基础、保障、人才工程建设，重点实施标准化填平补齐项目、新增主要污染物监管能力建设项目、环境物联网建设与应用项目等环境监管能力建设。

1.4 环保资金筹措渠道

环保资金是完成环境保护任务的必要保证，为顺利实施《规划》中提出的重点工程，一方面加大财政支持；另一方面引导企业和社会资本投入，逐步建立起财政支持、企业自筹、银行贷款、社会投入的多元化环保投入格局。“十二五”时期，主要从以下两个方面筹措环保资金。

（1）加大财政资金投入，强化资金引导功能。中央财政应对重点工程予以适当支持，地方各级政府也要加大投入，并定期开展重点工程项目的绩效评价，提高投资效益。中央政府投资主要通过国家预算内基本建设资金、主要污染物减排专项资金、中央环保专项资金、重金属污染防治专项资金以及其他环保专项资金筹措落实。地方政府投资主要通过地方相关环保专项资金、预算内基本建设资金等渠道筹措。

（2）完善环保投融资政策，引导企业与社会资金投入。政府环保投资对企业、社会环保投入具有显著的拉动效应，但政府的环保投资规模有限，大量环境保护资金需要企业、社会等投资主体的投入。进一步制定和完善鼓励与引导企业社会投资的税收优惠、收费与价格等政策措施，严格环境监管，严格执行环保“三同时”制度，确保在建项目投资计划和具体实施中打足并用好环保投资，提高企业环保投资的积极性和主动性。创新金融产品与融资平台，鼓励担保机构加大对中、小企业环境保护项目融资担保及担保方式的创新，加强财政资金与金融资金等的联合使用，引导金融机构环境保护投入力度。鼓励多渠道建立环境保护基金与环保产业发展基金，鼓励有条件的企业发行企业债券，加强合同环境服务的模式创新，引导社会资金投入环境保护项目。

第2章　“十二五”环保投融资政策

在政策、需求、民众环保意识不断增强的背景下，“十二五”环保投融资政策不断创新突破，环境财政逐渐完善，环境金融系统逐步成熟，环境污染第三方治理和政府与社会资本合作（PPP）模式的应用也逐步增强，多融资渠道的环保投融资体系基本形成。

2.1　环境财政

2.1.1　重点生态功能区转移支付

2008 年中央财政出台了国家重点生态功能区转移支付政策。通过明显提高转移支付补助系数等方式，加大对青海三江源、南水北调中线水源地等国家重点生态功能区和国家级自然保护区、世界文化自然遗产等禁止开发区域的一般性转移支付力度。2012 年，中央财政继续加大国家重点生态功能区转移支付力度，稳步有序扩大转移支付范围，下达国家重点生态功能区转移支付 371 亿元，转移支付范围覆盖国家重点生态功能区、三江源生态功能区等 466 个县（市）和国家森林公园、自然保护区等 1 367 个禁止开发区。为增强国家重点生态功能区财政保障力度，2013 年中央财政安排国家重点生态功能区转移支付 423 亿元。2014 年，为了加快生态文明制度建设，避免重蹈“先污染，后治理”“先破坏，后修复”的覆辙，按照党的十八届三中全会提出的“完善对重点生态功能区的生态补偿机制”

等要求，经国务院批准，中央财政又将河北环京津生态屏障、西藏珠穆朗玛峰等区域内的 20 个县纳入国家重点生态功能区转移支付范围，享受转移支付的县市已达 512 个。

2008—2014 年，中央财政累计下拨国家重点生态功能区转移支付 2 004 亿元，其中，2014 年 480 亿元。中央财政将在继续加大国家重点生态功能区转移支付力度的同时，进一步完善转移支付分配办法，加大考核监管力度，引导地方政府转变经济发展方式，切实加强生态环境保护，着力提高基本公共服务水平。

2.1.2 中央预算内基本建设资金

中央预算内基本建设资金是财政部根据国家批准的基本建设投资计划，从财政专户中核拨的用于部门和单位基本建设的资金。中央预算内基本建设资金将环境保护作为重点支持内容，支持了危险废物和医疗废物处置设施建设、重点流域水污染防治、城镇污水垃圾处理设施及污水管网工程、环境监管能力建设等工程建设。在扩大内需新增 4 万亿元投资中，国家也将节能减排和生态环境保护列为新增投资支持的重要方面。“十二五”期间，国家预算内基本建设资金支持环境保护 1 106.27 亿元，较好地推动了环保工作。

2.1.3 大气污染防治专项资金

为贯彻落实《国务院关于印发大气污染防治行动计划的通知》，2013 年中央财政整合有关专项设立大气污染防治专项资金。根据规定，资金将全部用于京津冀及周边地区（包括京津冀蒙晋鲁 6 个省份）大气污染治理工作，重点向治理任务重的河北省倾斜。该项资金以“以奖代补”的方式，按上述地区预期污染物减排量、污染治理投入、$PM_{2.5}$ 浓度下降比例三项因素分配。中央财政对大气污染防治工作成效进行考核，根据实际考核结果再进行奖励资金清算，突出绩效导向作用。2013—2016 年，大气污染防治专项资金已累计投入 366.9 亿元（各年分别为 50 亿元、100 亿元、106 亿元和 110.9 亿元），资金的“杠杆”作用逐渐凸显，多元化投资格局初步形成。

2.1.4 水污染防治专项资金

为了支持和引导《水污染防治行动计划》任务的落实，2015 年中央财政整合设立水污染防治专项资金，加大对水污染防治和水生态保护的支持力度。根据《水污染防治专项资金管理办法》，其重点支持重点流域水污染防治、水质较好江河湖泊生态环境保护、饮用水水源地环境保护、地下水环境保护及污染修复、城市黑臭水体整治、跨界跨省河流水环境保护和治理、国土江河综合整治试点等相关工作。

“十二五”期间，水污染防治专项资金主要致力于支持 4 个方面工作。①继续支持水质良好湖泊生态环境保护，2015 年中央财政安排水污染防治专项资金 63.7 亿元，根据绩效评价结果，对已纳入支持范围的水质良好湖泊给予奖励。同时，为引导地方积极开展湖泊生态环境保护、实现水质越好越能得到国家支持的正效应，将前期工作较好的 15 个湖泊新纳入支持范围，安排专项资金启动相关工作。②继续支持国土江河综合整治试点。2014 年，中央财政会同环境保护部、水利部首批启动了国务院领导重点关注的滦河、东江两条流域国土江河综合整治试点。2015 年，下达滦河流域河北省、内蒙古自治区、辽宁省试点启动资金 5.5 亿元，支持其开展相关工作。③支持重点流域水污染防治辽河摘帽项目收尾。2012 年，财政部、国家发展和改革委员会、环境保护部与辽宁省政府签署协议，支持辽河流域率先摘掉水污染严重的帽子。根据 2014 年重点流域水污染防治年度考核结果，辽河初步达到摘帽标准，2015 年安排水污染防治专项资金 1.8 亿元，用于辽河项目收尾工作。④支持重点流域水污染防治。中央财政安排重点流域水污染防治专项资金 50 亿元，支持长江上游流域、黄河中上游流域、三江源等重点流域水污染防治工作。

未来财政部、环境保护部将加强对各地水污染防治项目储备工作的考核，将资金安排与水环境质量改善目标挂钩，建立奖优罚劣机制。对上年度专项资金预算执行率低，资金使用效益不高的省份，本年度不予安排资金或予以适当扣减，以体现罚劣；对上年度水污染防治工作相关考核成绩优良，项目储备库基础扎实的省份，新增纳入本年度专项资金支持范围并予以重点支持，以体现奖优。同时也将加强财政资金管理监督、审计等工作，确保专项资金用在刀刃上，促进水环境质量改善。

2.1.5 重金属污染防治专项资金（土壤污染防治专项资金）

根据国务院办公厅转发环境保护部、国家发展和改革委员会、工业和信息化部、财政部、国土资源部、农业部、卫生部制定的《关于加强重金属污染防治工作的指导意见》（国办发〔2009〕61号），为做好重金属污染防治工作，中央财政设立了重金属污染防治专项资金，按照“防治结合、以防为主，突出重点、分步实施，地方为主、中央补助”的原则，对重金属污染防治重点项目予以补助。“十二五”期间，中央安排重金属污染防治专项资金共157.9亿元，通过因素分配法和竞争性评审法，将资金分配并主要用于《重金属污染综合防治“十二五”规划》重点区域重金属污染防治工作。

2016年，国务院发布《土壤污染防治行动计划》，为保障该计划顺利实施，中央财政整合重金属污染防治专项资金等，设立土壤污染防治专项资金，用于土壤环境调查与监测评估、监督管理、治理与修复等工作。当年，财政部安排土壤污染防治专项资金90.89亿元，与2015年的37亿元重金属污染防治专项资金相比，激增145.6%。随着《土壤污染防治行动计划》的推进，土壤污染防治战役将逐步推开，治理修复工作的推进速度以及开展的地域范围将进一步加大，资金需求将迅速增长。仅靠政府投资难以满足需求，亟须引导社会资本参与，共同推进土壤污染防治。

2.1.6 农村环境保护专项资金

中央财政2008年设立农村环境保护专项资金，“十二五”期间共安排了274亿元对开展农村环境综合整治的村庄实行“以奖促治”，通过对生态环境建设达到生态示范建设标准的村镇实行“以奖代补”。2012年，财政部、环境保护部联合发布《关于加强“十二五”中央农村环保专项资金管理的指导意见》（简称《指导意见》），提出“十二五”期间中央财政将进一步加大农村环境保护专项资金规模，建立健全资金引导、示范引导和政策引导的专项资金管理体系，引导更多地方财政和社会资金投向农村环境综合整治，全面深化“以奖促治”政策，促进专项资金取得更大成效。《指导意见》明确了“中央引导、地方推动”的原则，在专项资金管理体制中进一步强化了中央专项资金的引导作用和地方政府的职责，将专项资金和项目的审批权限进一步下放，充分调动地方政府的积极性。《指导意见》提出，到2015年，全国要完成6万个建制村（占全国总数的10%）的环境综合整治任务，建成一大批国家级生态乡镇和国家级生态村，使环境问题突出、严重危害群众健康的村庄基本得到治理，农村环境质量初步改善，农民群众环境意识明显提升，有效推动农村环境监测、监察执法、污染减排和环保宣教等工作机制的建立和完善。

2.2 环境金融

2.2.1 绿色银行

绿色银行是专门用于绿色投资的政策性银行，一般在价格扭曲、市场失灵等条件下得以建立。当经济发展进入某个阶段，污染性行业投资回报比绿色产业更高的时候，出于盈利目的和动机，商业银行通常不愿意投资绿色产业（除非在信息公开和履行社会责任压力下，商业银行才可能开展极小规模的绿色投资），这种情况下，有必要考虑建立绿色银行。英国绿色投资银行是世界上第一个国家绿色发展银行，是英国政府全资拥有的政策性银行，政府出资30亿英镑作为银行资本并拥有一个董事席位，专门致力于绿色经济投资，以解决英国绿色基础设施项目融资中的市场失灵问题，并通过调动私人投资加快英国向绿色经济转型。我国目前同样处于环境成本尚未内部化阶段，地方层面正在探索建立绿色银行。

专栏 2-1 以“环保”命名的银行——长沙银行环保支行

为打造专业专营的环保金融板块，2013 年 3 月，经湖南省银监局审批、中国人民银行核准，原长沙银行万家丽路支行正式更名为环保支行，为节能环保产业提供信贷支持、推广环保理念。环保银行有自己的低碳门槛：在该行，节能环保项目享受审批绿色通道，优先放贷，适度放宽授信条件，在利率上给予优惠。同时，通过提高准入门槛、上收审批权限、推行名单制管理和“一票否决”等手段，限制高污染、高耗能及产能过剩行业信贷投放。截至 2016 年 9 月，长沙银行的绿色金融授信余额达到 77.8 亿元，有效宣传了绿色金融理念。

2.2.2 环境基金

环境基金是指通过基金来投资环保项目、环保企业以及绿色产业的金融形式。目前，国家尚未设立中央层级的环境基金，但中央政府部门不断出台政策鼓励地方创新金融产品，为生态环保提供融资支持，如《中国银监会 国家发展和改革委员会关于银行业支持重点领域重大工程建设的指导意见》（银监发〔2015〕43 号）提出“积极创新绿色金融产品和服务，强化重大工程项目的绿色低碳化建设和运营管理”，《关于推进水污染防治领域政府和社会资本合作的实施意见》（财建〔2015〕90 号）提出“鼓励社会资本建立环境保护基金，重点支持水污染防治领域 PPP 项目”等。地方和相关上市公司在环境基金均有相关实践（专栏 2-2）。

专栏 2-2 环境基金实践

1. 内蒙古自治区环保基金

内蒙古自治区于 2016 年研究制定环保基金设立方案。由自治区政府引导性资金和企业资金共同组成环保母基金，主要用于城市环境基础设施建设、工业园区环境综合整治、企业污染治理与综合利用等投向。2016 年母基金初始规模预计 40 亿元，主要特征在于，以财政投入为引导，以撬动社会资本投入为主，主要用于解决治污企业和环保项目融资问题。其中，政府引导性资金与社会资本认筹比例为 1∶3。基金的退出方式包括股权、债权、担保、破产清算等。

2. 重庆环保产业股权投资基金

重庆市于 2015 年设立环保产业股权投资基金，主要针对国内成长性较好的生态环保类企业进行股权投资。以政府资金为引导，面向社会吸纳资金，撬动 4 ~ 5 倍的社会资本进入生态环保领域，其主要特征在于，以财政投入为引导，以撬动社会资本投入为主，采用股权转让方式确保资金退出，主要用于破解环保企业融资瓶颈，支持环保产业项目做大做强。基金采用有限合伙方式，将投资与管理分离。同时，该基金还与其他产业引导基金进行合作，实现环保投入的放大效应。

3. 上市公司发起设立的环境基金

据不完全统计，2015 年以来，中国共计有 35 家上市公司宣布设立环保并购基金，基金总规模为 376.62 亿元。其中，万邦达等十余家公司参与发起设立的基金规模均超过 10 亿元。其中，上风高科与盈峰资本、易方达资产等共同设立了 30 亿元的环保并购基金。环保产业基金的日益兴盛，说明更多其他领域的龙头企业纷纷涉足环保领域。环保产业基金的主要特征在于，其设立主要受经济和市场规律支配，属于社会资本发起设立的环保产业基金，全部由社会资本投入，有助于促进环保产业投资规模不断扩大。

2.2.3 绿色金融产品创新

绿色债券是指任何将所得资金专门用于资助符合规定条件的绿色项目或为这些项目进行再融资的债券工具。绿色债券是近年来绿色金融领域大力发展的融资工具。从 2013 年开始，国际市场绿色债券发行规模和发行数量都急剧增加，2015 年共发行 232 只，发行规模达 39.5 亿美元（专栏 2-3）。

随着绿色债券市场发行规模的增长，相关的法规也在陆续出台中。2015 年 12 月 22 日，中国人民银行发布了关于发行绿色金融债券有关事宜的公告和与之配套的《绿色债券支持项目目录》（中国人民银行公告〔2015〕第 39 号），12 月 31 日，国家发展和改革委员会发布了《绿色债券发行指引》。《绿色债券发行指引》明确支持重点为：节能减排技术改造、绿色城镇化、能源清洁高效利用、能源开发利用、循环经济发展、水资源节约和非常规水资源开发利用、污染防治、生态农林业、节能环保产业、低碳产业、生态文明先行示范实验、低碳发展试点示范项目 12 大项。地方政府应积极引导社会资本参与绿色项目建设；拓宽担保增信渠道；推动绿色项目采取“债贷组合”增信方式，鼓励商业银行进行债券和贷款统筹管理；积极开展债券品种创新；支持符合条件的股权投资企业、绿色投资基金发行绿色债券；鼓励绿色项目采用专项建设基金和绿色债券相结合的融资方式等。

专栏 2-3　绿色债券发行实践

2013 年，湘潭市政府以湘潭振湘国有资产经营投资有限公司（国有独资）为融资平台，发行了湘江流域重金属污染治理公司债券 18 亿元，债券全部用于湘潭市 5 个湘江流域重金属污染治理项目和两个污水处理项目，有力推动了湖南重金属污染治理工作。2014 年，国际金融公司（IFC）发行了全球第一笔“人民币绿色债券”，用于中国绿色气候方面投资。2014 年 5 月 8 日，中广核风电有限公司发行了国内第一单碳债券，发行额为 10 亿美元，但由于资源减排项目收益基本上没有实现，加之我国碳市场流动性较差，这笔债券的象征意义强于实际意义。2015 年 7 月 18 日，新疆金风科技股份有限公司在香港联交所发行了中国第一只真正的绿色债券，规模 3 亿美元。2015 年 10 月 13 日，中国农业银行在伦敦证券交易所发行了 9 亿以美元计价和 6 亿以人民币计价的绿色债券，这是中国首只境外发行的绿色金融债。2016 年，博天环境集团股份有限公司在上海证券交易所公开发行绿色公司债券，发行规模为 3 亿元，成为国内首只非上市民营企业公开发行的绿色公司债券。绿色债券的发行是中国绿色金融发展的里程碑事件，为非上市民营企业拓展低成本绿色融资渠道作出示范，有助于绿色债券发行对象的扩展，有利于推动我国绿色金融体系的全面健康发展。

2.2.4 绿色金融服务创新

在经济新常态背景下，加快发展绿色金融已成为共识。融资租赁公司作为我国投融资经济中的重要一环，为实体经济提供高效的融资服务，可推动其提质增效，最终实现绿色增长。当前，越来越多的融资租赁公司开始布局发展绿色金融事业，重点支持清洁能源、节能环保等相关领域，积极推进我国实体经济发展绿色转型。从国内趋势和国际经验来看，融资租赁行业处于高速发展期，融资租赁业务在国民经济特别是固定资产投资中所占的比重逐年提高，在绿色金融方面发挥的作用也将逐渐显著。例如，河南省九鼎金融租赁股份有限公司与蓝德环保科技集团股份有限公司签约，将业务领域扩展至环保行业。九鼎金融租赁股份有限公司与蓝德环保科技集团股份有限公司开展的合作都将采用直租模式，通过采购成套专业设备，依托美国和比利时的先进处理技术，完成对餐厨废弃物的资源化利用以及无害化处理项目的建设和运营。在合作过程中，九鼎金融租赁股份有限公司将对设备选购、抵质押登记、租金监管账户等各个环节进行详细设计，对租期进行科学合理的测算，尽一切可能满足客户的建设、运营需求，并将风险降至最低。

担保公司通过创新担保机制为企业提供专业、便捷、高效的金融服务的同时，充分鼓励企业等社会资本进入绿色产业领域，为构建我国绿色金融体系发挥出重要作用。2016 年，中国人民银行、财政部、国家发展和改革委员会、环境保护部、银监会、证监会、保监会《关于构建绿色金融体系的指导意见》中提出了支持和鼓励绿色投融资的一系列激励措施，其中明确了通过建立专业化担保机制来支持绿色金融发展。对于融资担保行业而言，专业化担保机制有助于降低企业融资成本，提高企业融资的可获得性，这将有助于增强企业投资绿色产业的信心。而专业化的担保服务同样离不开良好的风险控制，绿色产业项目多为中长期项目，投资回收期长，投资风险较大。因此，要激发企业投身绿色产业的积极性，做好风险控制必不可少。融资担保机构需配合政府部门创新绿色项目担保融资扶持的政策，在完善风险评价控制方式的同时提高专业化担保服务水平。例如，中合中小企业融资担保股份有限公司探索绿色金融创新，推出过一单融资担保与保险结合的业务，在中兴能源巴基斯坦光伏电站建设履约担保试点项目中，为中兴能源提供 1～2 个光伏电站的融资担保服务，在国有政策性银行和政策性保险机构对绿色能源建设企业提供资金支持和风险覆盖的同时，起到的是风险分担和增信的作用。

2.3 社会资本投资

2.3.1 工业领域环境污染第三方治理

环境污染第三方治理（以下简称第三方治理）是排污者通过缴纳或按合同约定支付费用，委托环境服务公司进行污染治理的新模式。第三方治理是推进环保设施建设和运营专业化、产业化的重要途径，是促进环境服务业发展的有效措施。“十二五”期间，从中央到地方，各级政府出台了一系列环境污染第三方治理的相关政策文件，推进第三方治理市场建设。

2013 年 11 月，党的十八届三中全会作出的《中共中央关于全面深化改革若干重大问题的决定》明确指出：发展环保市场，推行节能、碳排放权、排污权、水权交易制度，建立吸引社会资本投入生态环境保护的市场化机制，推行环境污染第三方治理。2014 年 4 月，新颁布的《环境保护法》第六条规定：“地方各级人民政府应当对本行政区域的环境质量负责。”确立了政府机构在环境保护中“第一责任人”地位，第五条规定：“环境保护坚持保护优先、预防为主、综合治理、公众参与、损害担责的原则。”第六条规定：“企业事业单位和其他生产经营者应当防止、减少环境污染和生态破坏，对所造成的损害依法承担责任。”界定了污染环境的责任主体确认原则，当污染发生时，污染者需要承担法律责任。同月，国务院转发国家发展和改革委员会《关于 2014 年深化经济体制改革重点任务的意见》（国发〔2014〕68 号），提出推行环境污染第三方治理。同年 12 月，国务院办公厅发布《关于推行环境污染第三方治理的意见》（国办发〔2014〕69 号），提出健全第三方治理市场，不断提升我国污染治理水平。2015 年 4 月，《水污染防治行动计划》提出，以污水、垃圾处理和工业园区为重点，推行环境污染第三方治理。

2015 年 9 月，国家发展和改革委员会《关于开展环境污染第三方治理试点示范工作的通知》（发改环资〔2015〕1459 号）提出，在全国环境公用基础设施、工业园区和重点企业污染治理两大领域启动第三方治理试点示范工作。2015 年 12 月，国家发展和改革委员会、环境保护部、国家能源局联合发布《关于在燃煤电厂推行环境污染第三方治理的指导意见》，指出燃煤电厂环境污染第三方治理的目标是：到 2020 年服务范围进一步扩大，将由现有的二氧化硫、氮氧化物治理领域全面扩大至废气、废水、固废等环境污染治理领域。2016 年 12 月，国家发展和改革委员会印发《环境污染第三方治理合同（示范文本）》（发改办环资〔2016〕2836 号），对指导和推动环境污染第三方治理工作具有很强的现实意义。各地区、有关部门在第三方治理方面进行了积极探索，取得初步成效。

专栏 2-4　上海市环境污染第三方治理实践

2014 年 10 月 8 日，上海市印发《关于加快推进本市环境污染第三方治理工作的指导意见》，要通过提高污染排放标准和排污成本，增强防治污染和实施环境污染第三方治理的内生动力。

根据意见，上海市环境污染第三方治理聚焦电厂除尘脱硫脱硝等 7 个重点领域。其中，在电厂除尘脱硫脱硝领域，重点推广现有成功经验，确保第三方的独立性，完善监督制约机制，逐步打破行业和所有权壁垒，鼓励专业化企业做大做强；在城镇污水处理领域，以郊区中小城镇污水处理厂为重点，总结现有经验，探索特许经营改革；在工业废水处理领域，以嘉定、金山、浦东等区中小电镀企业相对集中的工业区块为试点，引入环境污染第三方治理；在有机废气治理领域，以金山二工区等化工企业集中区域挥发性有机物治理为契机，重点推进泄漏检测与修复第三方服务；在建筑扬尘控制领域，以城区工地为重点，推广实施工地扬尘在线监测监控，提高扬尘治理第三方监测、评估和控制水平，完善预算定额标准，加强扬尘治理资金的保障和监控；在餐饮油烟治理领域，形成市场运作、专业运维、财政适当补贴、政府统一购买服务的治理运维服务和监测监控模式；在自动连续监测领域，大幅扩大自动连续监测应用范围，健全市场管理机制，完善第三方运维责任义务机制，提高运维水平和监督监控效率。

专栏 2-5 河北省环境污染第三方治理实践

2015 年 5 月 28 日，河北省人民政府办公厅印发《关于推行环境污染第三方治理的实施意见》，明确把水泥、玻璃等“重点行业深度治理”列为与环境公共服务、工业园区集中治污、农村环境整治等并列的四大重点领域之一，提出到 2017 年，基本建立促进第三方治理的政策体系，到 2020 年，在全省治污重点领域、重点行业全面推开第三方治理。鼓励排污企业引进第三方进行深度治理，第三方治理取得的污染物减排量，计入排污企业的排污权账户，由排污企业作为排污权交易和收益主体。适时适度提高污染排放标准，实行排污浓度和总量双重控制，实施污染排放在线实时监控，对超过排放标准和排污总量的企业限期整改，到期仍不达标的强制实施第三方治理。要求环保部门定期公布第三方治污企业业绩、治理效果、履约情况等，并建立企业环保诚信档案，信用记录纳入全省公共信用信息共享服务平台，并与融资、担保等相关政策挂钩。依法公开第三方治理项目环境监管信息，对偷排偷放、数据造假等造成重大环境污染事件的失信企业，实施黑名单制度，实行联合惩戒。

专栏 2-6 甘肃省环境污染第三方治理实践

2015 年 10 月 15 日，甘肃省人民政府办公厅印发《关于推行环境污染第三方治理的实施意见》，明确提出，引入第三方开展城镇生活污水、垃圾治理，完善污水、垃圾处理收费政策，适当提高收费标准，逐步覆盖全处理成本。

甘肃省将重点推进脱硫脱硝除尘设施改造、挥发性有机物污染治理、燃煤锅炉节能环保提升、工业场地搬迁地治理、重金属污染治理、尾矿库隐患治理等领域的第三方治理，并且通过加强在线实时监测监控，倒逼企业引入第三方治理。同时，积极培育第三方治污企业，引导和鼓励钢铁、电力、水泥等企业依托自身技术优势和管理经验，成立第三方治理专业公司，开展专业化环保服务。鼓励各级政府投融资平台和社会资本建立混合所有制企业，参与全省第三方治理，支持各地引进国内外知名环保企业，在甘肃开展形式多样的第三方治理业务。

2.3.2 基础设施与公共服务领域政府和社会资本合作（PPP）

PPP 模式是在基础设施及公共服务领域建立的一种长期合作关系。通常模式是由社会资本承担设计、建设、运营、维护基础设施的大部分工作，并通过"使用者付费"及必要的"政府付费"获得合理投资回报；政府部门负责基础设施及公共服务价格和质量监管，以保证公共利益最大化。2014 年，财政部印发《关于推广运用政府和社会资本合作模式有关问题的通知》（财金〔2014〕76 号）（以下简称"76 号文"），这是财政部推广 PPP 以来所颁布的第一份正式文件。76 号文的出台，对 PPP 项目的实际操作将会产生积极、正面的推动作用。当前，我国正在实施新型城镇化发展战略。城镇化是现代化的要求，也是稳增长、促改革、调结构、惠民生的重要抓手。立足国内实践，借鉴国际成功经验，推广运用 PPP 模式，是国家确定的重大经济改革任务，对于加快新型城镇化建设、提升国家治理能力、构建现代财政制度具有重要意义。

从 2014 年财政部大力推广 PPP 以来，PPP 在我国已经走过了两年多的时间。这期间包括国务院、财政部、国家发展和改革委员会、住建部、环境保护部等各部委，中国人民银行、银监会等政府部门发布了上百份的政策文件，规范和推广 PPP 模式，巩固 PPP 在我国的发展。在环境保护领域，2015 年，财政部和环境保护部联合印发《关于推进水污染防治政府和社会资本合作的实施意见》（财建〔2015〕90 号），针对水污染防治领域 PPP 特征，从范围界定、盈利机制、市场环境建设、资金支持、融资支持、绩效评价、咨询服务等方面，系统、全面、精准地呈现水污染防治领域 PPP 实施路线图。2016 年 7 月，国家发展和改革委员会出台《关于切实做好传统基础设施领域政府和社会资本合作有关工作的通知》（发改投资〔2016〕1744 号），明确基础设施 PPP 项目，法律适用更清晰，从八大措施入手，积极鼓励和引导民间投资、外商投资，并将环境保护项目列入"6+1"基础设施领域重点项目，引导各地推进基础设施领域 PPP 项目，提高基础设施项目建设、运营和管理效率，对于进一步做好传统设施领域 PPP 工作意义重大。2016 年 10 月，财政部印发《关于在公共服务领域深入推进政府和社会资本合作工作的通知》（财金〔2016〕90 号），明确提出在中央财政给予支持的公共服务领域，根据行业特点和成熟度，探索开展两个“强制”试点。在垃圾处理、污水处理等公共服务领域，项目一般有现金流，市场化程度较高，PPP 模式运用较为广泛，操作相对成熟，各地新建项目“强制”应用 PPP 模式，中央财政将逐步减少并取消专项建设资金补助。在其他中央财政给予支持的公共服务领域，对于有现金流、具备运营条件的项目，“强制”实施 PPP 模式识别论证，鼓励尝试运用 PPP 模式，注重项目运营，提高公共服务质量。同月，住房和城乡建设部、国家发展和改革委员会、财政部、国土资源部、中国人民银行五部门联合印发了《关于进一步鼓励和引导民间资本进入城市供水、燃气、供热、污水和垃圾处理行业的意见》（建城〔2016〕208 号），从民间资本进入渠道到相关金融、土地、价费、税收等方面提出了多项扶持政策，促进民间资本进入城市供水、燃气、供热、污水和垃圾处理行业。

2015 年，财政部联合中国建设银行股份有限公司、中国邮政储蓄银行股份有限公司、中国农业银行股份有限公司、中国银行股份有限公司、中国光大集团股份公司、交通银行股份有限公司、中国工商银行股份有限公司、中国中信集团有限公司、全国社会保障基金理事会、中国人寿保险（集团）公司 10 家机构，共同发起设立中国政府和社会资本合作（PPP）融资支持基金，该基金总规模 1 800 亿元，将作为社会资本方重点支持公共服务领域 PPP 项目发展，提高项目融资的可获得性。基金的设立是中央财政和金融机构贯彻落实《国务院办公厅转发财政部、国家发展和改革委员会、人民银行关于在公共服务领域推广政府和社会资本合作模式指导意见的通知》（国办发〔2015〕42 号）的重要举措，也是财政金融深化合作、共同支持 PPP 项目发展的重要探索，对创新财政金融支持方式、优化 PPP 项目融资环境、促进 PPP 模式发展具有积极意义。

第3章 “十二五”环保投资概况

加大环保投资，实施重大工程是解决突出环境问题、改善环境质量、提升环境监管能力的重要措施。“十二五”期间，环保投资规模、结构、地区分布等指标呈现不同特征。

3.1 环保投资规模

“十二五”期间，环保投资力度不断加大。从总量规模来看，“十二五”时期，全社会环保投资累计完成4.17万亿元，较“十一五”增长92.8%，年均增长9.9%。分年度来看，大致呈现稳步增长趋势（表3-1），由2011年的6 026.2亿元增长至2015年的8 806.3亿元，在2011年、2012年分别出现了增长低谷（–9.4%）和增长高峰（37%）。

表3-1 1981—2015年环保投资规模及增长率情况

年份	规模/亿元	增长率/%	年份	规模/亿元	增长率/%
1981	25.0	—	2000	1 060.7	28.9
1982	28.7	14.8	2001	1 106.6	4.3
1983	30.7	7.0	2002	1 363.4	23.2
1984	33.4	8.8	2003	1 627.3	19.4
1985	48.5	45.2	2004	1 909.8	17.4
1986	73.9	52.4	2005	2 388.0	25.0
1987	91.9	24.4	2006	2 566.0	7.5
1988	99.9	8.7	2007	3 387.6	32.0

年份	规模/亿元	增长率/%	年份	规模/亿元	增长率/%
1989	102.5	2.6	2008	4 490.3	32.6
1990	109.1	6.4	2009	4 525.2	0.8
1991	170.1	55.9	2010	6 654.2	47.0
1992	205.6	20.8	2011	6 026.2	−9.4
1993	268.8	30.8	2012	8 253.6	37.0
1994	307.2	14.3	2013	9 037.2	9.5
1995	354.9	15.5	2014	9 575.5	6.0
1996	408.2	15.0	2015	8 806.3	−8.0
1997	502.5	23.1	“十一五”合计	21 623.3	157.6
1998	721.8	43.6	“十二五”合计	41 698.8	92.8
1999	823.2	14.0			

注：“十一五”“十二五”增长率分别为比较“十五”“十一五”的增长率，下同。

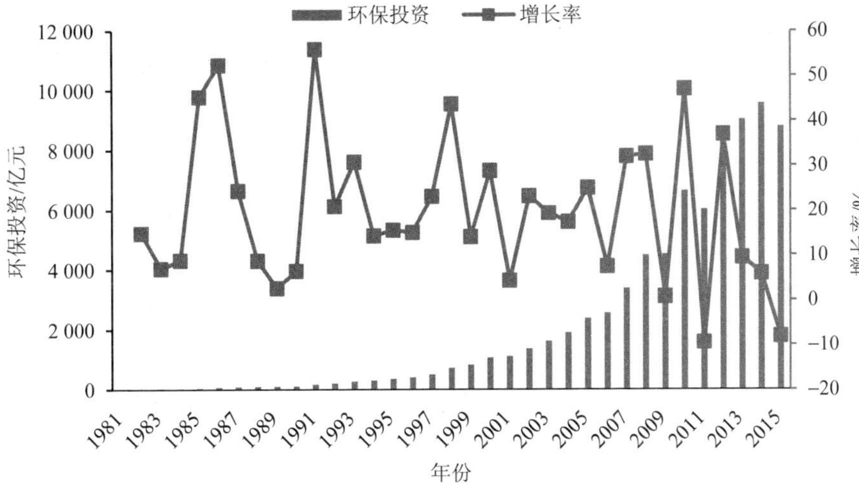

图 3-1 1981—2015 年环保投资规模及增长率变化情况

环保投资中仅有一半用于污染治理设施直接投资[①]。“十二五”期间，污染治理设施直接投资累计完成 2.06 万亿元，较“十一五”增长 68.6%。污染治理设施

① 污染治理设施直接投资是直接用于污染治理设施、具有环保效益的投资，具体包括老工业污染源治理投资、建设项目“三同时”以及城市环境基础设施建设投资中用于污水处理及再生利用、污泥处置和垃圾处理设施的投资，不包括城市环境基础设施建设投资中的燃气、集中供热、园林绿化等投资，下同。

直接投资占环保投资总量的比例为 49.5%，不足一半，且较“十一五”（56.6%）下降 7.1 个百分点，分年度来看，2012 年和 2015 年的占比分别达到了“十二五”时期的低谷（44.9%）和高峰（53.3%）。

表 3-2　1991—2015 年污染治理设施直接投资情况

年份	规模/亿元	占环保投资的比例/%	增长率/%	年份	规模/亿元	占环保投资的比例/%	增长率/%
1991	111.6	65.6	—	2005	1 346.4	56.4	35.2
1992	136.1	66.2	21.9	2006	1 454.6	56.7	8.0
1993	180.8	67.3	32.9	2007	2 185.0	64.5	50.2
1994	199.9	65.1	10.5	2008	3 004.6	66.9	37.5
1995	228.8	64.5	14.4	2009	2 516.4	55.6	−16.2
1996	234.4	57.4	2.5	2010	3 078.8	46.3	22.3
1997	245.2	48.8	4.6	2011	3 076.5	51.1	−0.1
1998	265.8	36.8	8.4	2012	3 765.4	44.9	20.3
1999	344.3	41.8	29.5	2013	4 318.3	47.8	16.6
2000	499.4	47.1	45.0	2014	4 846.4	50.6	12.2
2001	650.8	58.8	30.3	2015	4 694.2	53.3	−3.1
2002	751.9	55.1	15.5	“十一五”合计	12 239.4	56.6	169.9
2003	789.4	48.5	5.0	“十二五”合计	20 637.6	49.5	68.6
2004	996.1	52.2%	26.2%				

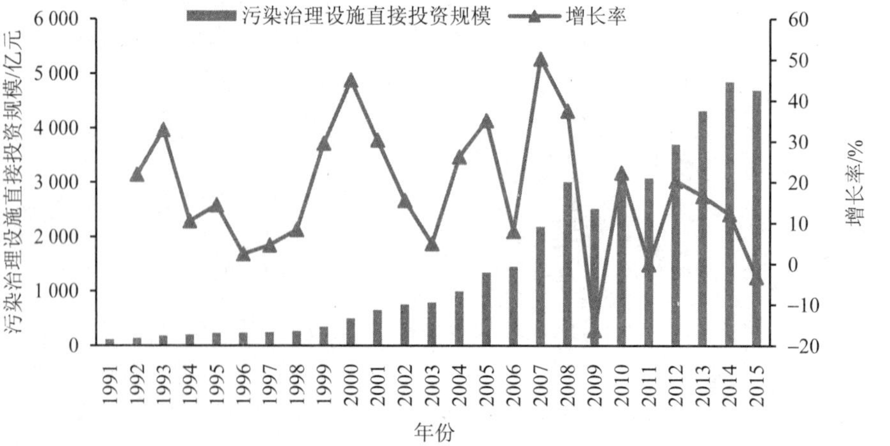

图 3-2　1991—2015 年污染治理设施直接投资规模及增长率情况

3.2 环保投资结构

以下从总量结构、各分项投资的投资结构两个方面来分析“十二五”时期环保投资结构情况。

3.2.1 总量结构

“十二五”期间，环保投资三项投资占比呈稳定态势（表 3-3、图 3-3、图 3-4）：①城市环境基础设施投资占比最高，为 58%，是环保投资的主要部分；②建设项目“三同时”环保投资，占比 33.5%，工业污染源治理投资占比最低，仅为 8.5%。

表 3-3 环保投资构成及占环保投资总量的比重

年份	环保投资构成/亿元			占环保投资总量的比例/%		
	城市环境基础设施建设投资	工业污染源治理投资	建设项目“三同时”环保投资	城市环境基础设施建设投资	工业污染源治理投资	建设项目“三同时”环保投资
1991	58.5	67.1	44.5	34.4	39.5	26.2
1992	69.5	80.6	55.5	33.8	39.2	27.0
1993	88.0	105.9	74.9	32.7	39.4	27.9
1994	107.3	111.4	88.5	34.9	36.2	28.8
1995	126.1	127.5	101.2	35.5	35.9	28.5
1996	170.8	123.6	110.8	41.8	30.3	27.1
1997	257.3	116.4	128.8	51.2	23.2	25.6
1998	456.0	123.8	142.0	63.2	17.2	19.7
1999	478.9	152.7	191.6	58.2	18.5	23.3
2000	561.3	239.4	260.0	52.9	22.6	24.5
2001	595.7	174.5	336.4	53.8	15.8	30.4
2002	785.4	188.4	389.7	57.6	13.8	28.6
2003	1 072.4	221.8	333.5	65.9	13.6	20.5
2004	1 141.2	308.1	460.5	59.8	16.1	24.1

<table>
<tr><th rowspan="2">年份</th><th colspan="3">环保投资构成/亿元</th><th colspan="3">占环保投资总量的比例/%</th></tr>
<tr><th>城市环境基础设施建设投资</th><th>工业污染源治理投资</th><th>建设项目“三同时”环保投资</th><th>城市环境基础设施建设投资</th><th>工业污染源治理投资</th><th>建设项目“三同时”环保投资</th></tr>
<tr><td>2005</td><td>1 289.7</td><td>458.2</td><td>640.1</td><td>54.0</td><td>19.2</td><td>26.8</td></tr>
<tr><td>2006</td><td>1 314.9</td><td>483.9</td><td>767.2</td><td>51.2</td><td>18.9</td><td>29.9</td></tr>
<tr><td>2007</td><td>1 467.8</td><td>552.4</td><td>1 367.4</td><td>43.3</td><td>16.3</td><td>40.4</td></tr>
<tr><td>2008</td><td>1 801.0</td><td>542.6</td><td>2 146.7</td><td>40.1</td><td>12.1</td><td>47.8</td></tr>
<tr><td>2009</td><td>2 512.0</td><td>442.5</td><td>1 570.7</td><td>55.5</td><td>9.8</td><td>34.7</td></tr>
<tr><td>2010</td><td>4 224.2</td><td>397.0</td><td>2 033.0</td><td>63.5</td><td>6.0</td><td>30.6</td></tr>
<tr><td>2011</td><td>3 469.4</td><td>444.4</td><td>2 112.4</td><td>57.6</td><td>7.4</td><td>35.1</td></tr>
<tr><td>2012</td><td>5 062.7</td><td>500.5</td><td>2 690.4</td><td>61.3</td><td>6.1</td><td>32.6</td></tr>
<tr><td>2013</td><td>5 223.0</td><td>849.7</td><td>2 964.5</td><td>57.8</td><td>9.4</td><td>32.8</td></tr>
<tr><td>2014</td><td>5 463.9</td><td>997.7</td><td>3 113.9</td><td>57.1</td><td>10.4</td><td>32.5</td></tr>
<tr><td>2015</td><td>4 946.8</td><td>773.7</td><td>3 085.8</td><td>56.2</td><td>8.8</td><td>35.0</td></tr>
<tr><td>“十一五”合计</td><td>11 319.9</td><td>2 418.4</td><td>7 885.0</td><td>52.3</td><td>11.2</td><td>36.5</td></tr>
<tr><td>“十二五”合计</td><td>24 165.8</td><td>3 566.0</td><td>13 967.0</td><td>58.0</td><td>8.5</td><td>33.5</td></tr>
</table>

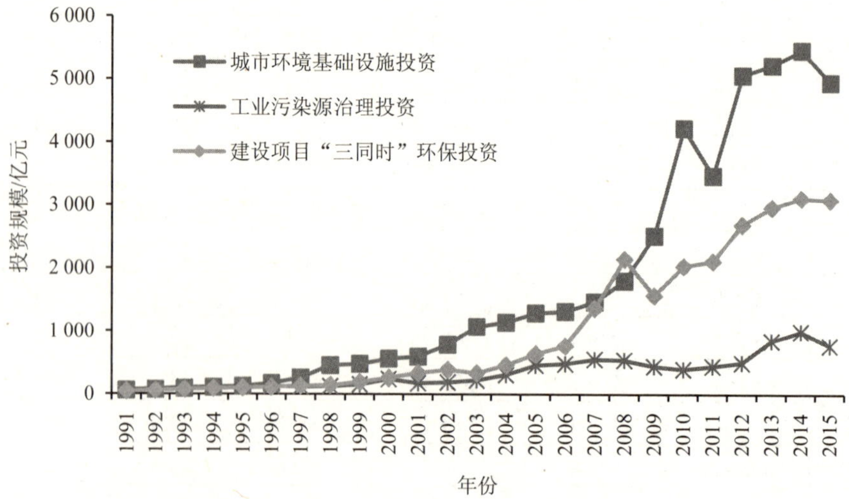

图 3-3　1991—2015 年各项环保投资规模变化情况

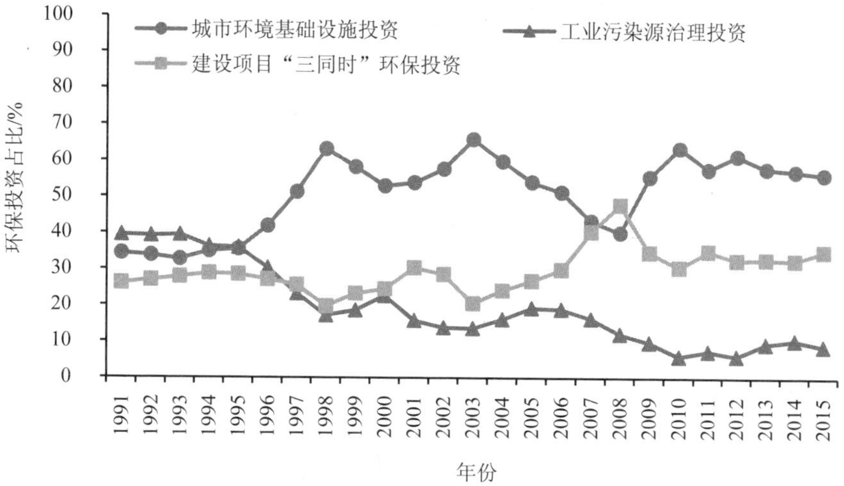

图 3-4 1991—2015 年各项环保投资占比变化情况

“十二五”期间，城市环境基础设施建设投资总计完成 2.4 万亿元，较“十一五”(1.1 万亿元)增长 113.5%，占环保投资的比重为 58.0%，较“十一五”(52.3%)增长 5.7 个百分点。分年度来看，城市环境基础设施建设投资呈逐年递增趋势，由 2011 年的 3 469.4 亿元增长至 2015 年的 4 946.8 亿元，年均增长率为 9.3%，占环保投资的比重范围为 56.2%～61.3%，是环保投资的主要部分（图 3-5）。

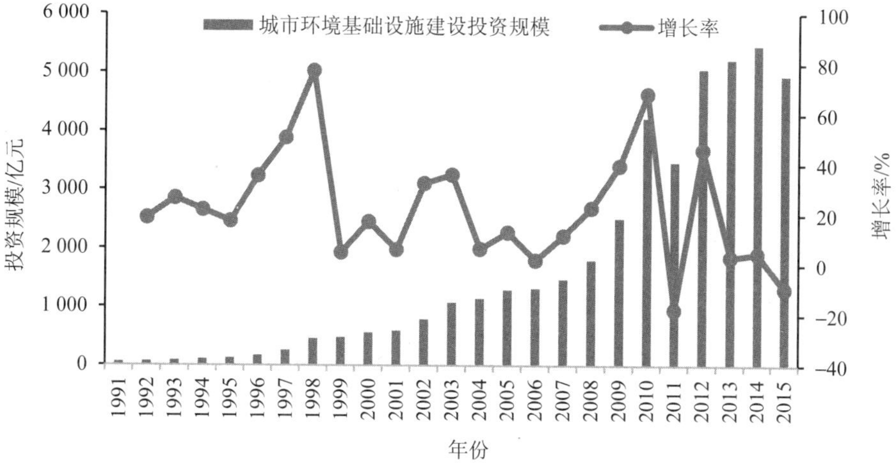

图 3-5 1991—2015 年城市环境基础设施建设投资规模及增长率

"十二五"期间，工业污染源治理投资总计完成 3 566 亿元，较"十一五"（2 418.4 亿元）增长 59.0%。分年度来看，2013 年《大气污染防治行动计划》的颁布实施带动了当年工业污染源治理投资的快速增长，当年完成投资 849.7 亿元，较 2012 年增长 69.8%，是"十二五"时期增速最快的年份。虽然工业污染治理投资呈增长特征，但在环保投资中的比例仍偏低，仅为 8.6%，且较"十一五"下降了 2.7 个百分点（图 3-6）。

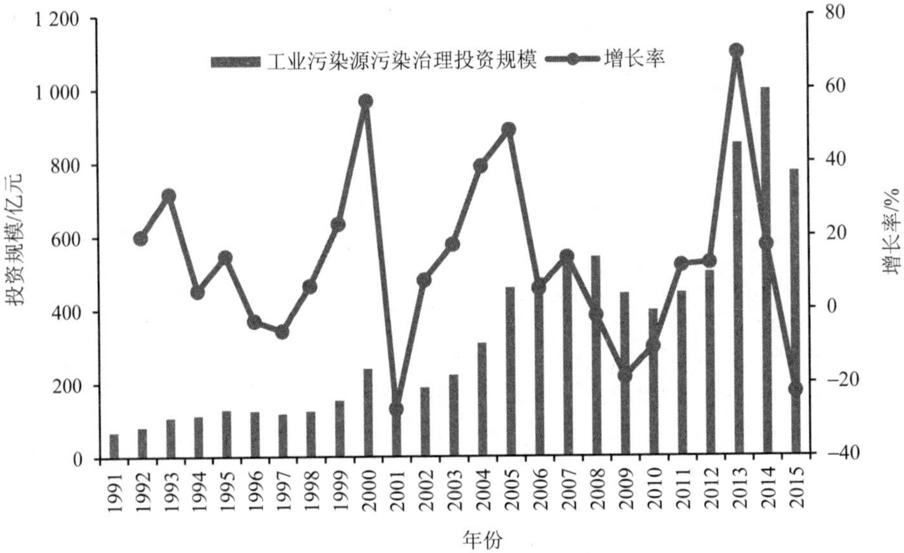

图 3-6　1991—2015 年我国工业污染源污染治理投资规模及增长率情况

"十二五"期间，建设项目"三同时"环保投资总计完成 1.4 万亿元，较"十一五"（7 885 亿元）增长 77.1%。分年度来看，2012 年和 2015 年分别达到了增长高峰（27.4%）和增长低谷（−0.9%）。建设项目"三同时"环保投资占环保投资的比重为 33.5%，较"十一五"（33.8%）下降 3 个百分点（图 3-7）。

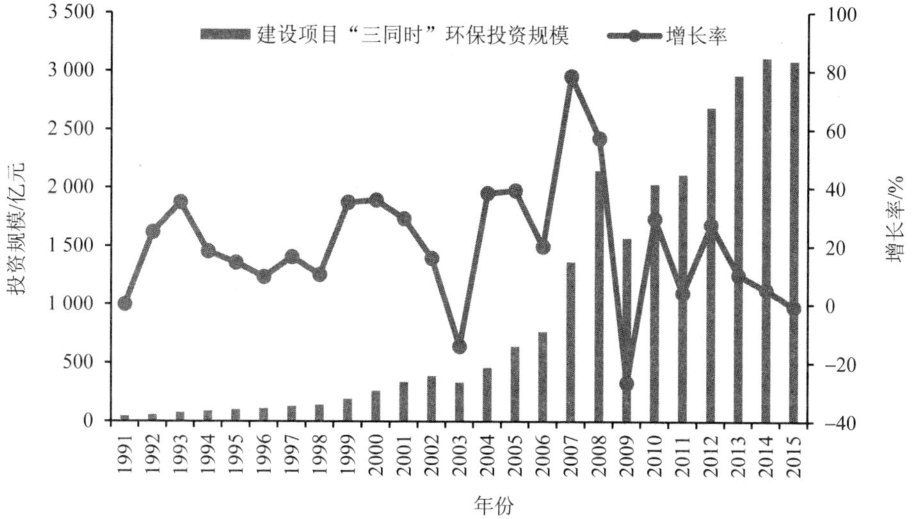

图 3-7 1991—2015 年建设项目“三同时”环保投资规模情况

3.2.2 城市环境基础设施建设投资结构

“十二五”期间，城市环境基础设施建设投资中燃气、集中供热、排水、园林绿化、市容环境卫生投资分别完成 2 528.2 亿元、3 506.0 亿元、5 203.8 亿元、10 575.0 亿元、2 352.6 亿元（表 3-4、图 3-8），较“十一五”分别增长 165.7%、129.9%、81.4%、119.6%和 103.2%。按照增长率从高到低的顺序依次为燃气、集中供热、园林绿化、市容环境卫生、排水。

尽管城市环境基础设施建设投资较“十一五”有较大的增长，但其中与环境保护直接相关的污水处理及其再生利用、污泥处置、垃圾处理的增长并不明显。“十二五”期间污水处理及再生利用、污泥处置总投资 2 044.4 亿元，较“十一五”增长 30.3%；垃圾处理总投资 762.1 亿元，较“十一五”增长 107.4%，高于五大要素中的排水、市容环境卫生的投资增长率。

表 3-4　1991—2015 年城市环境基础设施建设投资分要素情况　　单位：亿元

年份	燃气	集中供热	排水		园林绿化	市容环境卫生	
				污水处理及其再生利用、污泥处置			垃圾处理
1991	24.8	6.4	16.1	—	4.9	3.6	—
1992	25.9	11.0	20.9	—	7.2	6.5	—
1993	34.8	10.7	37.0	—	13.2	10.6	—
1994	32.5	13.4	38.3	—	18.2	10.9	—
1995	32.9	13.8	48.0	—	22.5	13.6	—
1996	48.3	15.7	66.8	—	27.5	12.5	—
1997	76.0	25.1	90.1	—	45.1	20.9	—
1998	82.0	17.3	154.5	—	78.4	36.7	—
1999	72.1	53.6	142.0	—	107.1	37.1	—
2000	70.9	67.8	149.3	—	143.2	84.3	—
2001	75.5	82.0	224.5	116.4	163.2	50.6	23.5
2002	88.4	121.4	275.0	144.1	239.5	64.8	29.7
2003	133.5	145.8	375.2	198.8	321.9	96.0	35.3
2004	148.3	173.4	352.3	174.5	359.5	107.8	53.0
2005	142.4	220.2	368.0	191.4	411.3	147.8	56.7
2006	155.0	223.6	331.5	151.7	429.0	175.8	51.8
2007	160.1	230.0	410.0	212.2	525.6	141.8	53.0
2008	163.5	269.7	496.0	264.7	649.8	222.0	50.6
2009	182.2	368.7	729.8	418.6	914.9	316.5	84.6
2010	290.8	433.2	901.6	521.4	2 297.0	301.6	127.4
2011	331.4	437.6	770.1	320.5	1 546.2	384.1	199.2
2012	551.8	798.1	934.1	279.4	2 380.0	398.6	110.9
2013	607.9	819.5	1 055.0	378.2	2 234.9	505.7	125.9
2014	574.0	763.0	1 196.1	427.0	2 338.5	592.2	130.6
2015	463.1	687.8	1 248.5	639.2	2 075.4	472.0	195.5
“十一五”合计	951.6	1 525.2	2 868.9	1 568.6	4 816.3	1 157.7	367.4
“十二五”合计	2 528.2	3 506.0	5 203.8	2 044.4	10 575.0	2 352.6	762.1

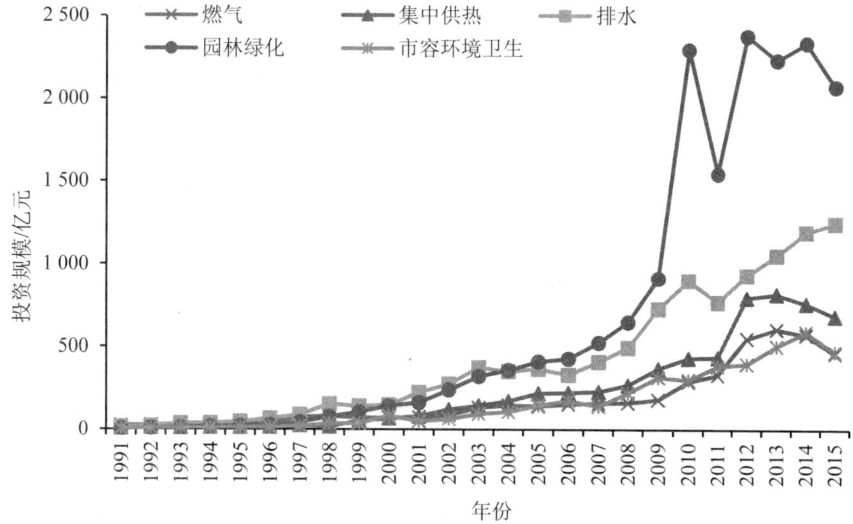

图 3-8 1991—2015 年城市环境基础设施建设投资分要素投资规模情况

“十二五”期间，燃气、集中供热、排水、园林绿化、市容环境卫生占城市环境基础设施建设投资的比重分别为 10.5%、14.5%、21.5%、43.8%和 9.7%，按照投资额从高到低顺序依次为园林绿化、排水、集中供热、燃气、市容环境卫生（图 3-9）。

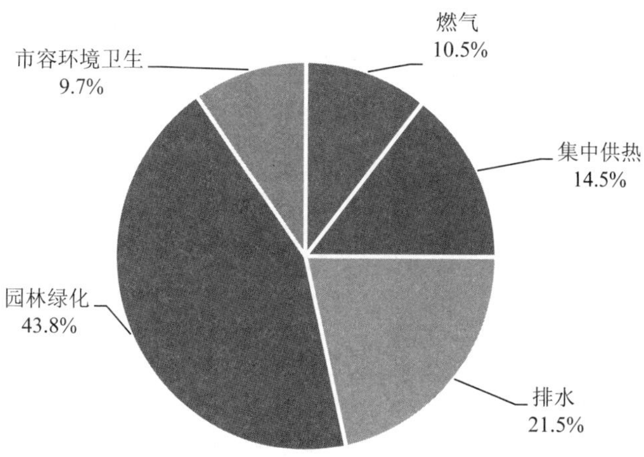

图 3-9 “十二五”时期城市环境基础设施建设投资规模构成

3.2.3 工业污染源治理投资结构

工业污染源污染治理投资具体包括废水投资、废气投资、固体废物投资、噪声投资及其他治理项目投资五项。“十二五”期间，工业废水治理投资为656.6亿元，废气治理投资为2 421.5亿元，固体废物治理投资为101.4亿元，噪声治理投资为9.0亿元，其他治理投资377.3亿元，占工业污染源治理投资总额的比例分别为18.4%、67.9%、2.8%、0.3%和10.6%。

“十二五”期间，废气治理是工业污染源治理的重点，投资占比达一半以上（67.9%），较“十一五”（49.4%）增长18.5个百分点，且持续呈增长状态，其中，2013年较2012年增长将近1.5倍。与废气治理相反，废水治理投资占工业污染治理的比重较“十一五”下降15.5个百分点，从“十一五”的33.9%下降至18.4%。可见，“十二五”期间，工业污染治理更加注重废气的治理（表3-5、图3-10）。

表3-5 2001—2015年我国工业污染源污染治理投资分要素情况 单位：亿元

年份	工业污染源污染治理	其中				
		废水	废气	固体废物	噪声	其他
2001	174.5	72.9	65.8	18.7	0.6	16.5
2002	188.4	71.5	69.8	16.1	1.0	29.9
2003	221.8	87.4	92.1	16.2	1.0	25.1
2004	308.1	105.6	142.8	22.6	1.3	35.7
2005	458.2	133.7	213.0	27.4	3.1	81.0
2006	483.9	151.1	233.2	18.3	3.0	78.3
2007	552.4	195.3	274.7	18.2	1.8	59.1
2008	542.6	194.6	265.7	19.7	2.8	59.8
2009	442.6	149.5	232.6	21.9	1.4	37.3
2010	397.0	130.1	188.8	14.3	1.5	62.2
2011	444.4	157.75	211.68	31.39	2.16	41.28
2012	500.5	140.34	257.71	24.75	1.16	76.49

年份	工业污染源污染治理	其中				
		废水	废气	固体废物	噪声	其他
2013	849.7	124.90	640.90	14.00	1.80	68.10
2014	997.7	115.2	789.4	15.1	1.1	76.9
2015	773.7	118.4	521.8	16.1	2.8	114.5
“十一五”合计	2 418.4	820.6	1 195.0	92.4	10.5	296.7
“十二五”合计	3 566.0	656.6	2 421.5	101.4	9.0	377.3

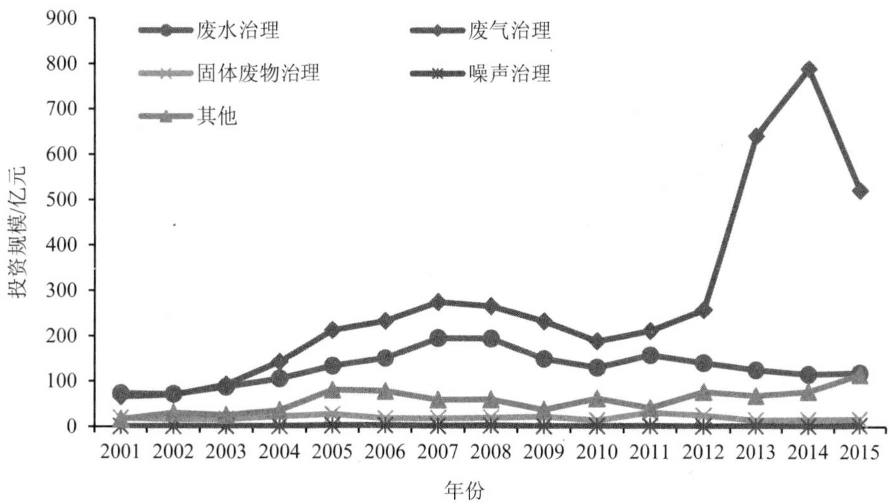

图 3-10　2001—2015 年工业污染源污染治理投资分要素投资规模情况

3.3 环保投资地区分布

3.3.1 环保投资总量地区分布

分省（市、区）来看（表 3-6、图 3-11），“十二五”期间，全社会环保投资总规模排在前十位的地区依次为江苏、山东、内蒙古、河北、北京、辽宁、安徽、浙江、广东、山西。10 省（市、区）环保投资总计 2.32 亿元，占全国环保投资总量的比例为 54.0%。

表 3-6　"十二五"期间各地区环保投资总额　　单位：亿元

地区	2011 年	2012 年	2013 年	2014 年	2015 年	"十二五"合计
国家级	433.5	326.7	598.7	454.3	235.1	2 048.3
北京	213.2	342.6	430.3	624.4	412.5	2 023.0
天津	167.3	157.5	180.2	278.9	126.5	910.4
河北	443.6	486.1	477.6	455.5	397.6	2 260.4
山西	185.7	328.1	336	293.2	257.7	1 400.7
内蒙古	315	445.1	484.3	562.3	536.4	2 343.1
辽宁	352.1	683.4	331.3	271.5	291.1	1 929.4
吉林	92.2	103.4	100.4	98.1	110.7	504.8
黑龙江	125.1	218.1	274.9	182.2	156.8	957.1
上海	144.8	134.1	176.5	250.0	220.3	925.7
江苏	527.1	657.2	800.4	880.6	952.5	3 817.8
浙江	210.4	375	346.4	474.2	439.7	1 845.7
安徽	212.2	330.2	467.9	428.7	439.7	1 878.7
福建	180.4	222.6	269.1	193.4	229.7	1 095.2
江西	173	316	234.7	231.1	235.5	1 190.3
山东	527.6	739.2	800.1	823.7	693.3	3 583.9
河南	137.9	209.4	268.8	295.2	295.8	1 207.1
湖北	184.3	285.5	234.6	316.5	246.8	1 267.7
湖南	101.1	190.3	223.7	213.7	537.5	1 266.3
广东	329.6	260.2	263.5	303.2	292.6	1 449.1
广西	143.9	190.6	213.5	200.5	261.2	1 009.7
海南	27	44.7	25.6	21.1	22.2	140.6
重庆	210.3	186.9	162.2	168.4	139	866.8
四川	108.6	178.3	220	288.1	216	1 011.0
贵州	47.1	68.9	106.3	170.4	137.5	530.2
云南	88.4	132.4	189	152.0	140.8	702.6
西藏	28.3	3.9	25.5	14.3	8.4	80.4
陕西	98.1	180.6	216.8	285.3	240.4	1 021.2
甘肃	42.6	121.4	163.6	143.4	122.6	593.6
青海	22.1	24.1	33.6	30.0	34.8	144.6
宁夏	51.9	55.6	69.1	78.7	86.9	342.2
新疆	101.8	255	312.5	381.2	288.7	1 339.2

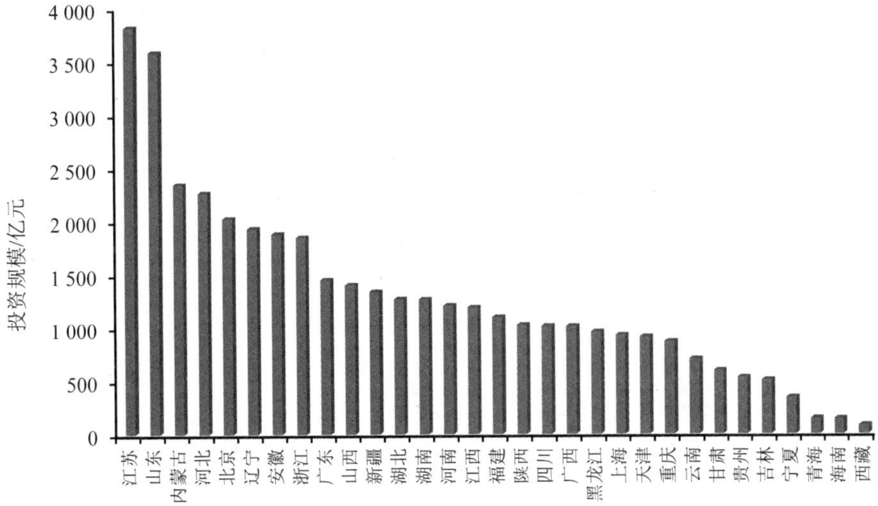

图 3-11 “十二五”期间各地区全社会环保投资规模情况

分东、中、西部来看（表 3-7、图 3-12），“十二五”期间，东、中、西部环保投资分别为 19 981.2 亿元、9 672.7 亿元和 9 984.6 亿元（不含国家级，下同），占全国环保投资的比例分别为 50.4%、24.4%和 25.2%。与“十一五”相比，东、中、西部环保投资分别增长了 70%、144%和 167%，年均增长率分别为 6.9%、17.1%和 15.2%。由此，“十二五”期间环保投资的增幅排序依次为西部地区、中部地区和东部地区，增速排序依次为中部地区、西部地区和东部地区。

表 3-7 东、中、西部环保投资情况 单位：亿元

时期	东部	中部	西部
“十五”合计	4 939.2	1 523.8	1 259.2
“十一五”合计	11 775.6	3 957.1	3 734.6
“十二五”合计	19 981.2	9 672.7	9 984.6

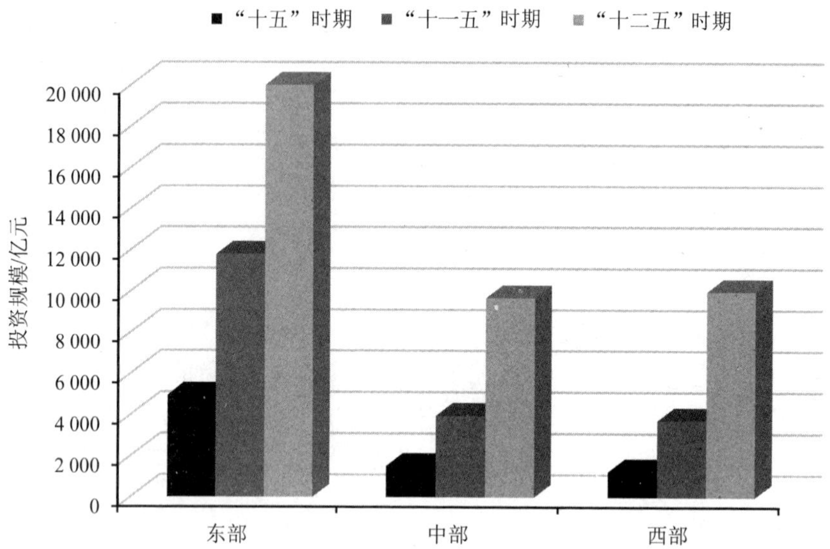

图 3-12 不同时期东、中、西部全社会环保投资情况

3.3.2 城市环境基础设施治理投资地区分布

分省（市、区）来看（表 3-8、图 3-13），“十二五”期间，城市环境基础设施建设投资累计额排在前十位的地区依次为山东、江苏、北京、内蒙古、河北、安徽、辽宁、江西、山西、浙江。10 省（市、区）城市环境基础设施建设投资总额为 14 350.0 亿元，占全国城市环境基础设施建设投资的比例为 59.4%。

表 3-8 “十二五”期间各地区城市环境基础设施建设投资规模情况 单位：亿元

地区	2011 年	2012 年	2013 年	2014 年	2015 年	“十二五”合计
北京	192.3	312.9	404.5	535.6	383.4	1 828.7
天津	97.6	105	90.9	177.2	82.3	553.0
河北	254	369.5	316.1	266.3	218.1	1 424.0
山西	100	240	204.7	178.7	155.7	879.1
内蒙古	206.7	343.9	324.5	319.4	374.0	1 568.5

地区	2011 年	2012 年	2013 年	2014 年	2015 年	“十二五”合计
辽宁	289.1	339.6	206.6	129.5	101.0	1 065.8
吉林	65.4	60.6	55.7	66.4	77.5	325.6
黑龙江	59.5	163.2	200	124.1	119.0	665.8
上海	68.9	65.2	77	82	108.8	401.9
江苏	301.9	380.3	509.9	579.3	452.1	2 223.5
浙江	105	163.3	156.5	229	219.6	873.4
安徽	155.7	251	319.8	303	324.7	1 354.2
福建	113	122.3	137	142.4	139.4	654.1
江西	121	273.5	182.3	172.3	157.1	906.2
山东	336.5	446.5	528.4	490.1	425.1	2 226.6
河南	73.7	139.8	157.4	172.9	193.4	737.2
湖北	121.9	189.8	154.5	211.7	152.5	830.4
湖南	63.9	130.2	167.2	167.8	161.3	690.4
广东	172.8	103	60.9	95.3	70.7	502.7
广西	110.3	109.7	135.3	147.9	148.5	651.7
海南	14.4	23.5	12.5	7.1	20.4	77.9
重庆	165.7	126.5	111.4	92.6	94.8	591.0
四川	51.2	100.3	119.4	148.1	133.4	552.4
贵州	20.2	35.7	66.8	84	87.7	294.4
云南	27.3	48.7	35.7	56.4	70.0	238.1
西藏	0	0.7	1.5	2.2	7.7	12.1
陕西	51.8	123.3	141.1	203.5	169.9	689.6
甘肃	21.6	70	82.1	68.1	82.3	324.1
青海	7.1	12.3	20.5	15	20.9	75.8
宁夏	11.9	16.8	27.8	24.6	35.1	116.2
新疆	89	195.1	214.8	171.4	160.4	830.7

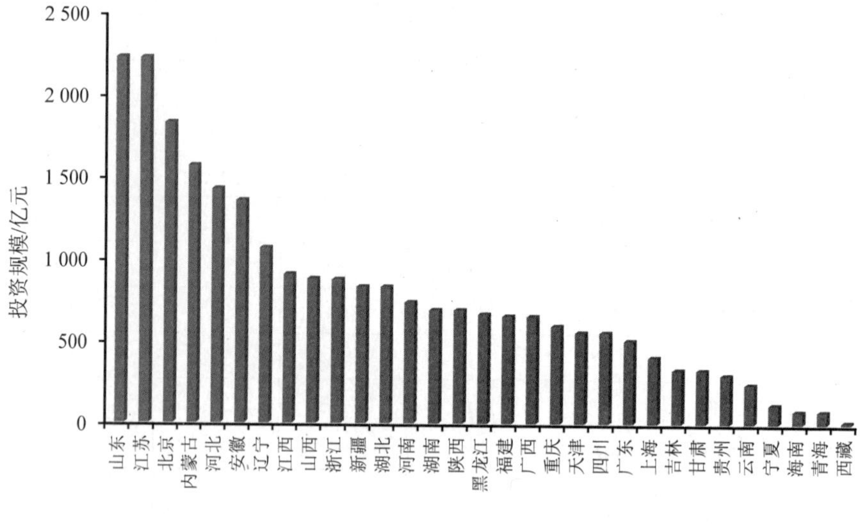

图 3-13　“十二五”各地区城市环境基础设施建设投资规模情况

分东、中、西部来看（表 3-9、图 3-14），“十二五”期间，东、中、西部城市环境基础设施建设投资分别为 11 831.6 亿元、6 388.9 亿元和 5 944.6 亿元，占全国城市环境基础设施建设投资的比例分别为 49.0%、26.4%和 24.6%。与“十一五”相比，东、中、西部城市环境基础设施建设投资分别增长了 67.0%、192.9%和 189.5%，年均增长率分别为 3.4%、16.1%和 15.2%。由此，“十二五”期间中部地区城市环境基础设施建设投资增幅最大，增长也最快，而东部地区城市环境基础设施建设投资的增幅和增长均低于中部地区和西部地区，说明“十二五”时期东部地区的城市环境基础设施建设需求下降，城市环境基础设施已比较完善，而中、西部地区在这方面的需求仍较强。

表 3-9　不同时期东、中、西部城市环境基础设施建设投资规模　　单位：亿元

时期	东部	中部	西部
“十五”合计	3 142.4	938.7	807
“十一五”合计	7 084.8	2 181.4	2 053.3
“十二五”合计	11 831.6	6 388.9	5 944.6

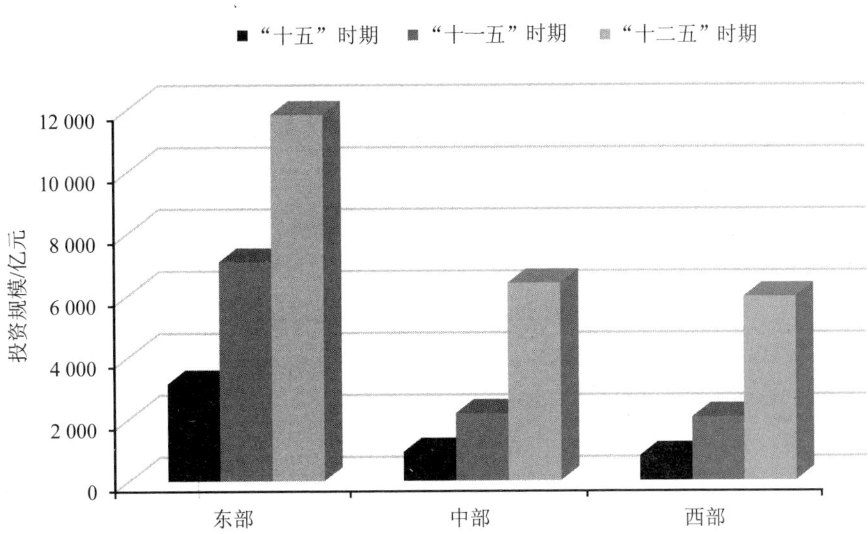

图 3-14　不同时期东、中、西部城市环境基础设施建设投资规模

3.3.3　工业污染源治理投资地区分布

分省（市、区）来看（表 3-10、图 3-15），“十二五”期间，工业污染源污染治理投资累计额排在前十位的地区依次为山东、河北、江苏、内蒙古、浙江、山西、河南、福建、陕西、广东。10 省（市、区）工业污染源治理投资总额为 2 207.3 亿元，占全国工业污染源污染治理投资的比例为 61.9%。工业污染源治理投资超过 100 亿元的省份有 12 个，较“十一五”增加了 6 个（分别是内蒙古、浙江、福建、云南、浙江、陕西），其中投资最多的是山东省（450.0 亿元）。

表 3-10　“十二五”全国各地区工业污染源污染治理投资规模情况　　单位：亿元

地区	2011 年	2012 年	2013 年	2014 年	2015 年	“十二五”合计
合计	444.3	500.4	849.8	997.6	773.7	3 565.8
北京	1.1	3.3	4.3	7.6	10.0	26.3
天津	15.3	12.6	14.8	22.1	24.0	88.8

地区	2011 年	2012 年	2013 年	2014 年	2015 年	“十二五”合计
河北	24.3	23.6	51.2	89.0	54.2	242.3
山西	27.9	32.3	55.6	31.1	27.9	174.8
内蒙古	31	19	62.7	77.5	43.9	234.1
辽宁	11.6	11.9	27.7	38.2	19.0	108.4
吉林	6.6	5.7	9.4	16.4	12.1	50.2
黑龙江	10.1	3.9	20.7	17.8	19.3	71.8
上海	6.4	11.6	5.2	17.8	21.2	62.2
江苏	31	39	59.4	48.5	62.2	240.1
浙江	17.8	28.3	57.7	67.6	58.6	230.0
安徽	9.3	12.7	23.3	17.6	17.9	80.8
福建	14.3	23.8	38.4	42.4	44.7	163.6
江西	6.6	3.9	15.5	12.3	14.8	53.1
山东	62.4	67.1	84.3	141.6	94.6	450.0
河南	21.4	14.8	44.0	55.5	33.0	168.7
湖北	9.3	14.9	25.2	26.3	15.8	91.5
湖南	9.7	18	23.4	17.3	26.1	94.5
广东	16.6	28.1	32.5	37.9	34.7	149.8
广西	8.6	8.6	18.3	17.9	24.7	78.1
海南	2.8	4.8	3.5	5.6	1.3	18.0
重庆	4.9	3.8	7.9	5.0	6.0	27.6
四川	16.7	11.1	18.8	23.2	11.8	81.6
贵州	13.2	12.5	19.6	18.5	10.7	74.5
云南	13.7	19.7	23.9	24.4	21.6	103.3
西藏	0.2	0.2	1.0	1.0	0.3	2.7
陕西	23.7	27.1	41.8	33.4	28.0	154.0
甘肃	10.5	21.1	18.2	17.6	4.1	71.5
青海	2.8	2.2	3.0	7.5	4.9	20.4
宁夏	3.9	6.9	16.5	27.3	10.4	65.0
新疆	10.6	7.9	22.0	31.7	15.8	88.0

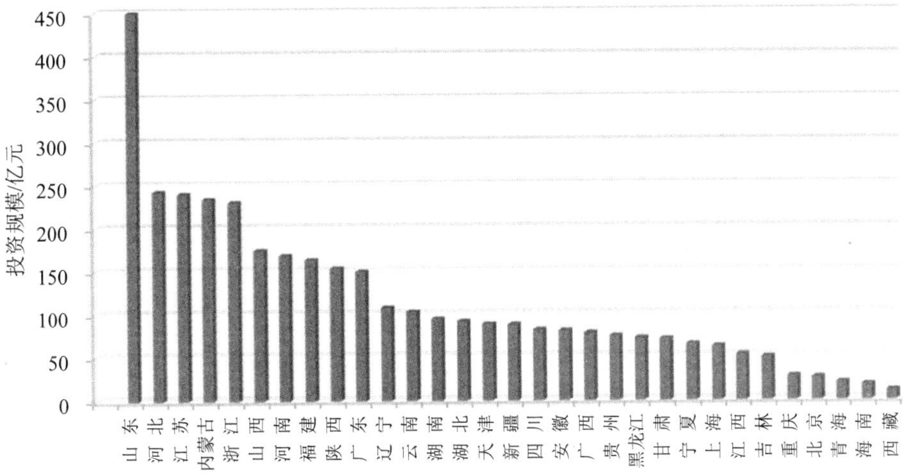

图 3-15 “十二五”各地区工业污染源污染治理投资规模情况

分东、中、西部来看（表 3-11、图 3-16），“十二五”期间，东、中、西部工业污染源污染治理投资分别为 1 779.40 亿元、785.5 亿元和 1 000.8 亿元，占全国工业污染源污染治理投资的比例分别为 49.9%、22.0%和 28.1%。与“十一五”相比，东、中、西部工业污染源治理投资分别增长了 48.5%、22.2%和 73.4%，年均增长率分别为 20.2%、6.9%和 13.3%。由此，“十二五”期间，工业污染源治理投资的增幅排序依次为西部地区、东部地区和中部地区，而增速排序依次为东部地区、西部地区和中部地区。

表 3-11 不同时期东、中、西部工业污染源污染治理投资情况 单位：亿元

时期	东部	中部	西部
“十五”合计	817.8	300.8	232.8
“十一五”合计	1 198.4	642.8	577
“十二五”合计	1 779.4	785.5	1 000.8

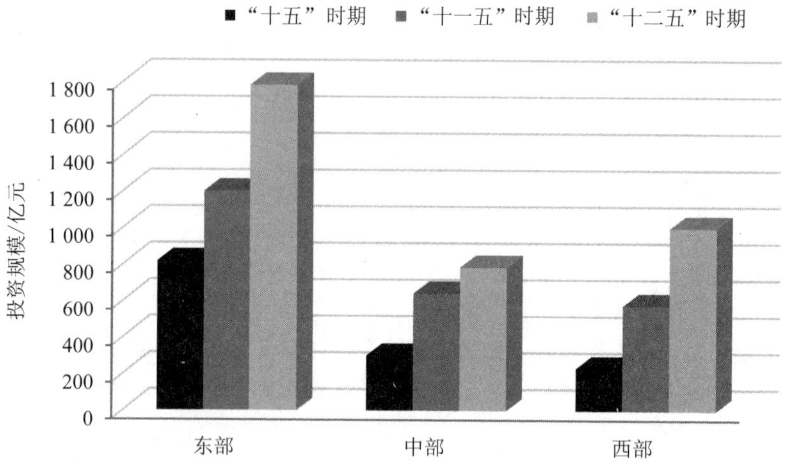

图 3-16　不同时期东、中、西部工业污染源污染治理投资规模情况

分流域来看（表 3-12），“十二五”期间，重点流域、湖泊水库、三峡地区和入海陆源工业废水治理总投资为 654.4 亿元，工业废水治理设施项目 10 765 个，工业废水治理竣工项目 9 292 个。

表 3-12　“十二五”重点流域、湖泊水库、三峡地区和入海陆源工业废水治理项目情况

年份	工业废水治理施工项目数/个	工业废水治理竣工项目数/个	工业废水治理项目完成投资/亿元
2011	5 283	3 728	354.4
2012	1 488	1 672	120.3
2013	1 201	1 354	108.1
2014	1 158	1 315	108.4
2015	1 635	1 223	107.5
“十二五”合计	10 765	9 292	654.4

3.3.4　建设项目“三同时”环保投资地区分布

分省（市、区）来看（表 3-13、图 3-17），“十二五”期间，建设项目“三同时”环保投资各省份投资额都有迅速且较大幅度的增长，投资累计排在前十位的

地区依次为江苏、山东、广东、辽宁、浙江、河北、内蒙古、湖南、上海、安徽，其中有 7 个省份在 500 亿元以上。10 省（市、区）建设项目“三同时”环保投资总额为 9 125.3 亿元，占全国建设项目“三同时”环保投资的比例为 76.6%。

表 3-13 “十二五”期间各地区建设项目“三同时”环保投资

地区	2011 年	2012 年	2013 年	2014 年	2015 年	“十二五”合计
国家级	433.5	326.7	598.7	454.3	235.1	2 048.3
北京	19.8	26.4	21.5	81.2	19.1	168.0
天津	54.4	39.9	74.4	79.6	20.2	268.5
河北	165.3	93	110.3	100.2	125.3	594.1
山西	57.8	55.8	75.7	83.4	74.1	346.8
内蒙古	77.3	82.2	97.1	165.4	118.5	540.5
辽宁	51.4	331.9	97.1	103.8	171.1	755.3
吉林	20.2	37.1	35.3	15.3	21.1	129.0
黑龙江	55.5	51	54.2	40.3	18.5	219.5
上海	69.5	57.3	94.3	150.2	90.3	461.6
江苏	194.2	237.9	231.1	252.8	438.2	1 354.2
浙江	87.6	183.4	132.2	177.6	161.5	742.3
安徽	47.2	66.5	124.8	108.1	97.1	443.7
福建	53.1	76.5	93.8	8.6	45.6	277.6
江西	45.4	38.6	36.8	46.5	63.6	230.9
山东	128.7	225.6	187.4	192	173.6	907.3
河南	42.8	54.8	67.4	66.8	69.4	301.2
湖北	53.1	80.8	54.9	78.5	78.5	345.8
湖南	27.5	42.1	33.1	28.6	350.1	481.4
广东	140.2	129.1	170.1	170	187.2	796.6
广西	25	72.3	59.9	34.7	88.0	279.9
海南	9.8	16.4	9.5	8.4	0.5	44.6
重庆	39.7	56.6	43	70.8	38.2	248.3
四川	40.7	66.9	81.8	116.8	70.8	377.0
贵州	13.7	20.7	20	67.9	39.1	161.4
云南	47.4	64	129.4	71.2	49.2	361.2
西藏	28.1	3	22.9	11.1	0.4	65.5

地区	2011 年	2012 年	2013 年	2014 年	2015 年	"十二五"合计
陕西	22.6	30.2	34	48.4	42.5	177.7
甘肃	10.5	30.3	63.3	57.7	36.2	198.0
青海	12.2	9.6	10.1	7.5	9.0	48.4
宁夏	36.1	31.9	24.7	26.8	41.4	160.9
新疆	2.2	52	75.7	189.3	112.5	431.7
合计	2 112.5	2 690.5	2 964.5	3 113.8	3 085.8	10 881.2

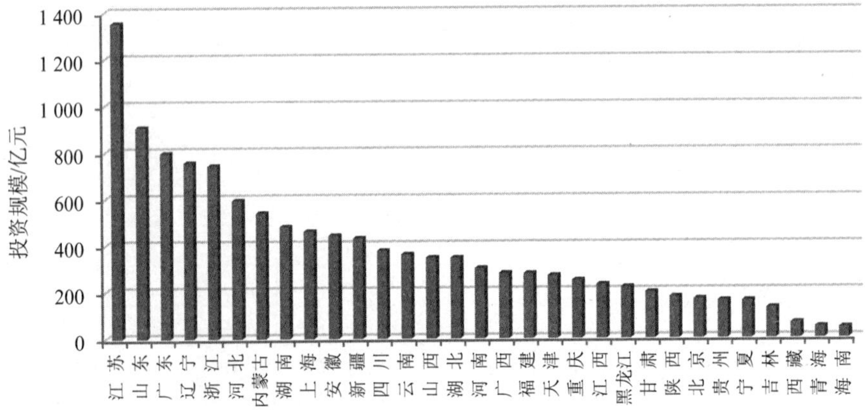

图 3-17 "十二五"期间国家级及各地区建设项目"三同时"环保投资规模情况

分东、中、西部来看（表 3-14、图 3-18），"十二五"期间，建设项目"三同时"环保投资分别为 6 370.1 亿元、2 498.3 亿元和 3 050.5 亿元，占全国建设项目"三同时"环保投资的比例分别为 53.4%、21.0%和 25.6%。与"十一五"相比，东、中、西部建设项目"三同时"环保投资分别增长 75.6%、93.6%和 276.6%，年均增长率分别为 10.1%、21.9%和 16.1%。由此"十二五"期间西部地区的建设项目"三同时"环保投资增幅最大，增长也最快，而东部地区的增幅和增长均低于中部地区和西部地区，说明"十二五"期间，西部地区新开工建设项目多于东中部地区。

表 3-14　不同时期东、中、西部建设项目“三同时”环保投资情况

时期	东部	中部	西部
“十五”合计	979.0	284.3	219.4
“十一五”合计	3 627.8	1 290.6	810.1
“十二五”合计	6 370.1	2 498.3	3 050.5

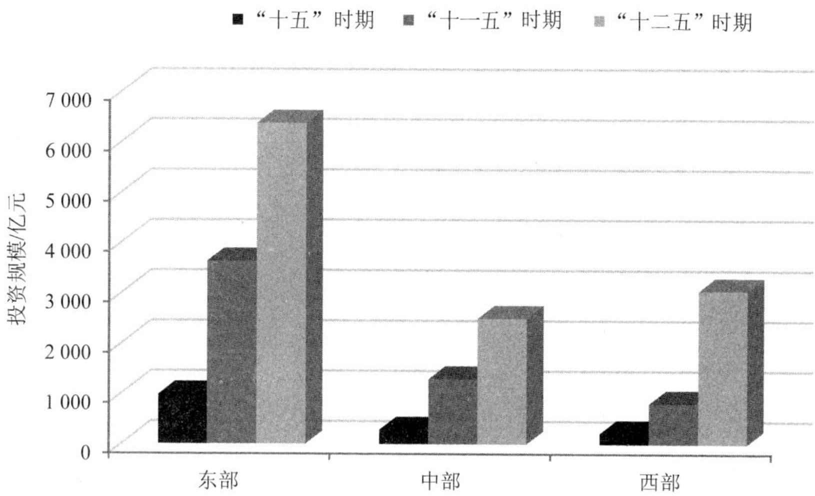

图 3-18　不同时期东、中、西部建设项目“三同时”环保投资规模

3.4　政府环保投资情况

3.4.1　“211 节能环保”支出

节能环保支出从 2007 年纳入财政支出科目以来，实现较快增长。“十二五”期间，全国节能环保支出总额为 17 658.1 亿元（表 3-15），从 2011 年的 2 640.98 亿元增长至 2015 年的 4 802.89 亿元，增长 81.9%，年均增速达 16.7%，高于同期全国财政支出平均增速（12.6%），尽管如此，节能环保支出的年增长很不稳定，连贯性较差，且在财政支出中的占比较低，仅为 2.5%。

表 3-15 2007—2015 年全国节能环保支出情况

年份	节能环保支出		财政支出	
	规模/亿元	增长率/%	规模/亿元	增长率/%
2007	995.82	—	49 781.35	—
2008	1 451.36	45.7	62 592.66	25.7
2009	1 934.04	33.3	76 299.93	21.9
2010	2 441.98	26.3	89 874.16	17.8
2011	2 640.98	8.1	109 247.79	21.6
2012	2 963.46	12.2	125 952.97	15.3
2013	3 435.15	15.9	140 212.10	11.3
2014	3 815.64	11.1	151 785.56	8.3
2015	4 802.89	25.9	175 877.77	15.9
“十二五”合计	17 658.1	—	703 076.19	—

数据来源：2007—2015 年全国财政决算。

从中央和地方来看（表 3-16），“十二五”期间，中央政府（含本级和转移支付）节能环保支出 9 713.2 亿元，占全国财政节能环保支出的比例为 55%，其中，中央本级节能环保支出 983.3 亿元，占全国节能环保支出的比例为 5.6%，中央对地方的转移支付总计 8 730.0 亿元，占全国节能环保支出的比例为 49.4%，可见中央政府在节能环保领域的宏观调控职能主要以转移支付体现。地方本级财政节能环保支出 7 944.9 亿元，占全国财政节能环保支出的 45%。

3.4.2 环境保护支出

根据节能环保支出的使用去向，节能环保支出包括环境保护、节能/再生资源、生态建设和其他支出四类。其中，环境保护包括环境保护管理事务、环境监测与监察、污染防治、污染减排、江河湖库流域治理与保护 5 款及自然生态保护款下的农村环境保护、湖泊生态环境保护两项。将该口径下的支出简称为“环境保护支出”。“十二五”期间，全国环境保护支出总额为 8 289.50 亿元，占节能环保支出的比例为 46.9%，不足一半。

表 3-16　2007—2015 年政府“211 节能环保”支出情况　　单位：亿元

年份	中央政府	其中		地方本级
		中央本级	对地方转移支付	
2007	34.59	34.59	—	961.23
2008	1 040.3	66.21	974.09	411.06
2009	1 151.8	37.9	1 113.9	782.23
2010	1 443.1	69.48	1 373.62	998.88
2011	1 623.03	74.19	1 548.84	1 017.95
2012	1 998.43	63.65	1 934.78	965.03
2013	1 803.93	100.26	1 703.67	1 631.22
2014	2 033.03	344.74	1 688.29	1 782.61
2015	2 254.81	400.41	1 854.40	2 548.08
“十二五”合计	9 713.2	983.3	8 730.0	7 944.9

表 3-17　2011—2015 年节能环保支出结构　　单位：亿元

年份	环境保护	节能/再生资源	生态建设	其他支出
2011	1 261.85	660.96	572.00	146.17
2012	1 465.28	780.85	574.81	142.53
2013	1 569.58	973.64	620.21	271.72
2014	1 821.96	1 007.74	623.94	361.86
2015	2 170.83	1 371.22	748.18	512.66
“十二五”合计	8 289.5	4 794.4	3 139.1	1 434.9

从中央和地方来看（表 3-18），地方本级财政用于环境保护的支出高于中央财政。“十二五”期间，中央本级和地方占全国环境保护支出的比重分别为 1.4% 和 98.6%。同时，地方环境保护支出中有约 29.7%的支出来自于中央转移支付，若扣除该部分支出，则地方本级环境保护支出占全国环境保护支出的比重为

69.3%，高于中央环境保护支出，充分体现出地方政府在环境保护领域的重要作用。

表 3-18 2011—2015 年中央和地方环境保护支出情况

类别 年份	支出总额/亿元		对地方的转移支付			地方本级环保支出	
	中央本级	地方	规模/亿元	占地方环境保护支出比例/%	占全国环境保护支出比例/%	规模/亿元	占全国环境保护支出比例/%
2011	26.56	1 235.29	476.2	38.5	37.7	759.09	60.2
2012	21.47	1 443.81	559.44	38.7	38.2	884.37	60.4
2013	21.84	1 547.74	544.58	35.2	34.7	1 003.16	63.9
2014	22.28	1 799.68	387.28	21.5	21.3	1 412.4	77.5
2015	24.16	2 146.67	462.89	21.6	21.3	1 683.78	77.6
“十二五”合计	116.3	8 173.2	2 430.39	29.7	29.3	5 742.8	69.3

3.4.3 中央环境保护支出

中央政府支持环境保护的资金按照来源和管理渠道主要分两类：①中央预算内基建投资（含国债），由国家发展和改革委员会负责，环境保护部参与其中部分资金的分配；②中央财政环境保护（专项）资金，由财政部负责，环境保护部参与其中部分资金的分配。

据统计，“十二五”期间中央财政环境保护支出总计 2 882.7 亿元，其中：中央预算内基本建设资金 1 106.3 亿元，占中央财政环境保护支出的 38.4%；中央财政环境保护专项资金 1 776.4 亿元，占中央财政环境保护支出的 61.6%。

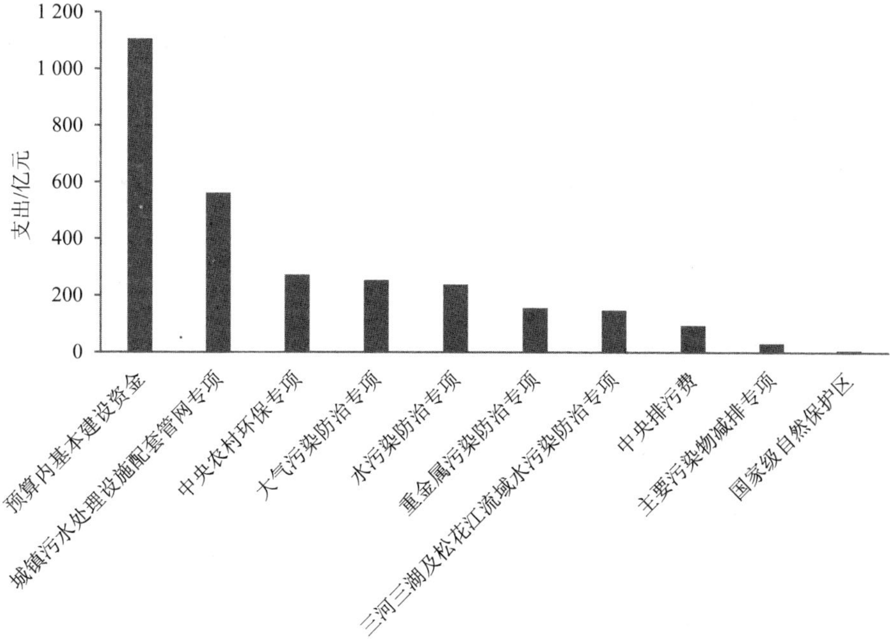

注：数据来源于财政、发改及环保等相关部门累计值。

图 3-19 “十二五”期间中央政府环境保护支出情况

第 4 章　环保投资与经济发展指标关联性分析

环保投资是环境保护的主要推动力，其力度大小和投资效果最终关系到环境对经济发展的保证和支持程度，通过直接或间接的方式促进经济的发展，而经济的发展同样为环保投资提供了必要的物质基础，二者之间相互作用关系明显。

4.1　相对规模比较

4.1.1　环保投资与 GDP

（1）全社会环保投资与 GDP。全社会环保投资占 GDP 的比重呈现波动增长趋势。“十二五”期间，环保投资占 GDP 的比重为 1.43%左右，较“十一五”增长 0.04 个百分点。从图 4-1 可以看出，环保投资占 GDP 比重在“十二五”初仅为 1.27%，比 2010 年下降了 0.4 个百分点，下降幅度较大，明显呈现出五年计划初年投资水平较低的特点，2012—2014 年基本稳定在 1.5%左右，较“十一五”整体上有所增长，波动较小，比重基本稳定，初步说明，环保投资水平随经济增长而稳步提高，但在 2015 年又出现了明显下降，占比仅为 1.3%。

表 4-1　全社会环保投资占 GDP 比例情况

年份	环保投资/亿元	GDP/亿元	环保投资占 GDP 比例/%
1981	25.0	4 891.6	0.51
1982	28.7	5 323.4	0.54
1983	30.7	5 962.7	0.51
1984	33.4	7 208.1	0.46
1985	48.5	9 016.0	0.54
1986	73.9	10 275.2	0.72
1987	91.9	12 058.6	0.76
1988	99.9	15 042.8	0.66
1989	102.5	16 992.3	0.60
1990	109.1	18 774.3	0.58
1991	170.1	21 895.5	0.78
1992	205.6	27 068.3	0.76
1993	268.8	35 524.3	0.76
1994	307.2	48 459.6	0.64
1995	354.9	61 129.8	0.58
1996	408.2	71 572.3	0.57
1997	502.5	79 429.5	0.64
1998	721.8	84 883.7	0.86
1999	823.2	90 187.7	0.92
2000	1 060.7	99 776.3	1.07
2001	1 106.6	110 270.4	1.01
2002	1 363.4	121 002.0	1.13
2003	1 627.3	136 564.6	1.20
2004	1 909.8	160 714.4	1.19
2005	2 388.0	185 895.8	1.29
2006	2 566.0	217 656.6	1.19
2007	3 387.6	268 019.4	1.27
2008	4 490.3	316 751.7	1.43
2009	4 525.2	345 629.2	1.33
2010	6 654.2	408 903.0	1.66

年份	环保投资/亿元	GDP/亿元	环保投资占 GDP 比例/%
2011	6 026.2	484 123.5	1.27
2012	8 253.6	534 123.0	1.59
2013	9 037.2	588 018.8	1.59
2014	9 575.5	636 138.7	1.51
2015	8 806.3	676 708.0	1.30
“十一五”合计	21 623.3	1 556 959.9	1.41
“十二五”合计	41 698.8	2 919 112.0	1.43

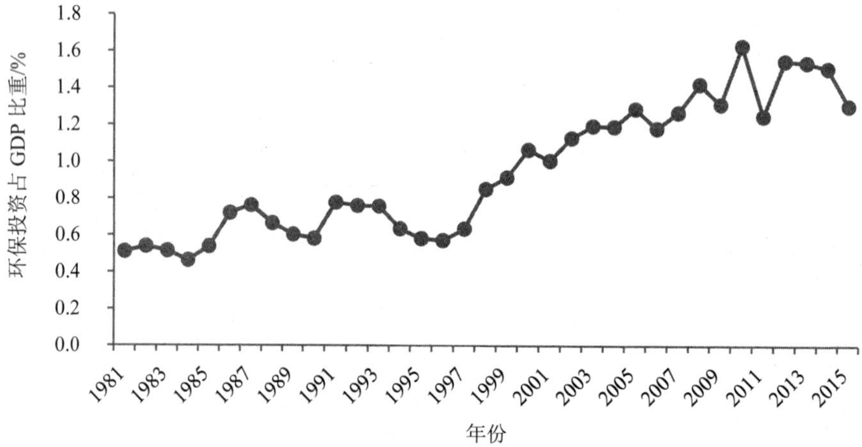

图 4-1　全社会环保投资占 GDP 比重情况

（2）污染治理设施直接投资与 GDP。从图 4-2、表 4-2 可以看出，“十二五”期间，污染治理设施直接投资占 GDP 比重在 0.6%～0.8%，与“十一五”投资比重基本持平，但相比 2008 年（0.9%）略有下降。同样，“十二五”初年污染治理设施直接投资占 GDP 比重较低，仅为 0.6%，2012—2014 年呈现略微上升趋势，且变动幅度小，较“十一五”更为稳定，但处于较低水平，与经济发展水平不匹配。

表 4-2　污染治理设施直接投资占 GDP 比例情况

年份	污染治理设施直接投资/亿元	GDP/亿元	污染治理设施直接投资占 GDP 比例/%
2001	650.8	110 270.4	0.6
2002	751.9	121 002.0	0.6
2003	789.4	136 564.6	0.6
2004	996.1	160 714.4	0.6
2005	1 346.4	185 895.8	0.7
2006	1 454.6	217 656.6	0.7
2007	2 185.0	268 019.4	0.8
2008	3 004.6	316 751.7	0.9
2009	2 516.4	345 629.2	0.7
2010	3 078.8	408 903.0	0.8
2011	3 076.5	484 123.5	0.6
2012	3 702.1	534 123.0	0.7
2013	4 318.3	588 018.8	0.7
2014	4 846.4	636 138.7	0.8
2015	4 694.2	676 708.0	0.7
“十一五”合计	12 239.40	1 556 959.9	0.8
“十二五”合计	20 637.57	2 919 112.0	0.7

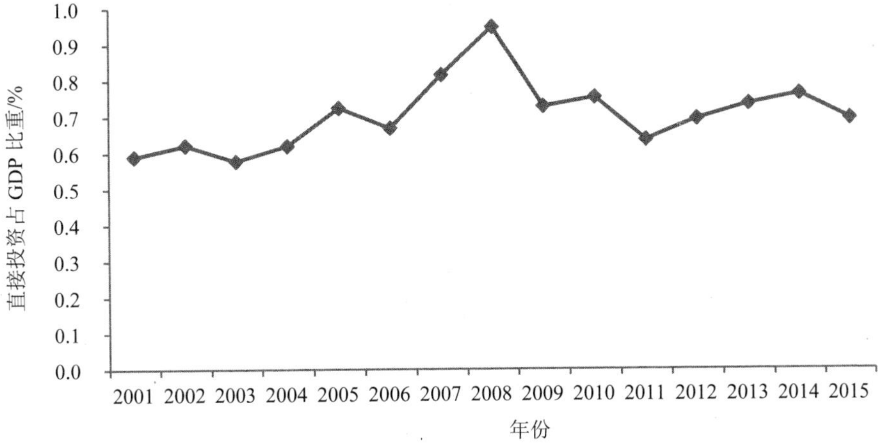

图 4-2　污染治理设施直接投资占 GDP 比重情况

4.1.2 环保投资与固定资产投资[①]

（1）全社会环保投资与固定资产投资。全社会环保投资占固定资产投资比重较"十一五"降幅较大。"十二五"期间，环保投资占固定资产投资的比重先增后减，2011年较"十一五"末下降了0.7个百分点，2012年达到峰值2.2%，之后呈明显下降趋势，2015年降到1.6%的低点。从图4-3、表4-3可以看出，"十二五"期间环保投资占固定资产投资比重明显低于"十一五"时期的水平。且从2001年以来，受房地产投资迅速增长的影响，固定资产投资猛增，尤其是"十二五"期间，房地产投资占固定资产投资的比重已经达到25%左右，这部分投资基本不会带动环保投资。此外，环保投资自身增长能力不足，工业污染源治理投资增长较慢，城市环境基础设施建设投资主要靠园林绿化等非污染治理设施直接投资拉动，最终导致环保投资占固定资产投资的比重呈现下降趋势。

表4-3 环保投资占固定资产投资比重情况

年份	环保投资/亿元	固定资产投资/亿元	环保投资占固定资产投资比例/%
1981	25.0	961	2.6
1982	28.7	1 200.40	2.4
1983	30.7	1 369.06	2.2
1984	33.4	1 832.87	1.8
1985	48.5	2 543.19	1.9
1986	73.9	3 120.60	2.4
1987	91.9	3 791.69	2.4
1988	99.9	4 753.80	2.1
1989	102.5	4 410.38	2.3
1990	109.1	4 517.00	2.4

① 固定资产投资范围为全社会固定资产投资，指以货币形式表现的在一定时期内全社会建造和购置固定资产的工作量以及与此有关的费用总称。

年份	环保投资/亿元	固定资产投资/亿元	环保投资占固定资产投资比例/%
1991	170.1	5 594.50	3.0
1992	205.6	8 080.09	2.5
1993	268.8	13 072.31	2.1
1994	307.2	17 042.10	1.8
1995	354.9	20 019.30	1.8
1996	408.2	22 913.50	1.8
1997	502.5	24 941.10	2.0
1998	721.8	28 406.20	2.5
1999	823.2	29 854.70	2.8
2000	1 060.7	32 917.70	3.2
2001	1 106.6	37 213.50	3.0
2002	1 363.4	43 499.90	3.1
2003	1 627.3	55 566.60	2.9
2004	1 909.8	70 477.43	2.7
2005	2 388.0	88 773.61	2.7
2006	2 566.0	109 998.16	2.3
2007	3 387.6	137 323.94	2.5
2008	4 490.3	172 828.40	2.6
2009	4 525.2	224 598.77	2.0
2010	6 654.2	251 683.77	2.6
2011	6 026.2	311 485.1	1.9
2012	8 253.6	374 694.7	2.2
2013	9 037.2	446 294.1	2.0
2014	9 575.5	512 760.7	1.9
2015	8 806.3	562 000.0	1.6
“十一五”合计	21 623.3	896 433.04	2.41
“十二五”合计	41 698.8	2 207 234.6	1.89

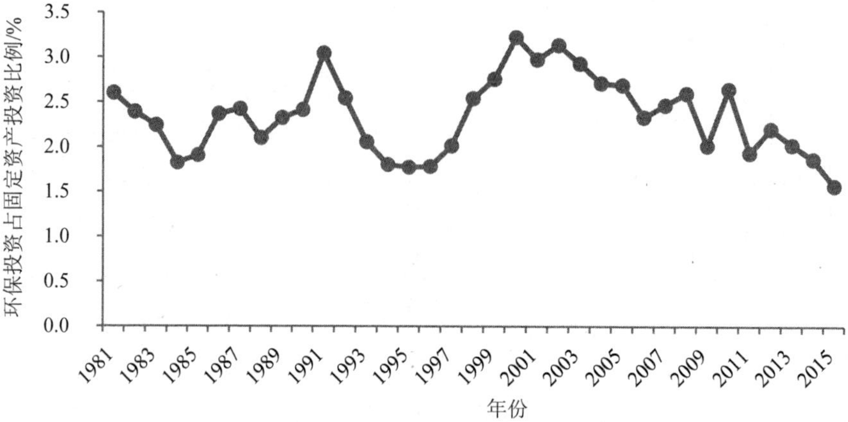

图 4-3 环保投资占固定资产投资比例情况

（2）污染治理设施直接投资与固定资产投资。“十二五”期间，污染治理设施直接投资占固定资产投资的比例基本保持在 1.0%左右，较“十一五”投资比例（平均 1.4%）明显下降。从图 4-4、表 4-4 可以看出，污染治理设施直接投资占固定资产投资的比重呈波动下降趋势，“十二五”期间下降趋势有所遏制，趋于平稳。

表 4-4 污染治理设施直接投资占固定资产投资情况

年份	污染治理设施直接投资/亿元	固定资产投资/亿元	占固定资产投资比例/%
2001	650.8	37 213.50	1.7
2002	751.9	43 499.90	1.7
2003	789.4	55 566.60	1.4
2004	996.1	70 477.43	1.4
2005	1 346.4	88 773.61	1.5
2006	1 454.6	109 998.16	1.3
2007	2 185.0	137 323.94	1.6
2008	3 004.6	172 828.40	1.7
2009	2 516.4	224 598.77	1.1
2010	3 078.8	251 683.77	1.2

年份	污染治理设施直接投资/亿元	固定资产投资/亿元	占固定资产投资比例/%
2011	3 076.5	311 485.13	1.0
2012	3 702.1	374 694.70	1.0
2013	4 318.3	446 294.10	1.0
2014	4 846.4	512 760.7	0.9
2015	4 694.2	562 000.0	0.8
“十一五”合计	12 239.40	896 433.04	1.4
“十二五”合计	20 637.57	2 207 234.6	0.9

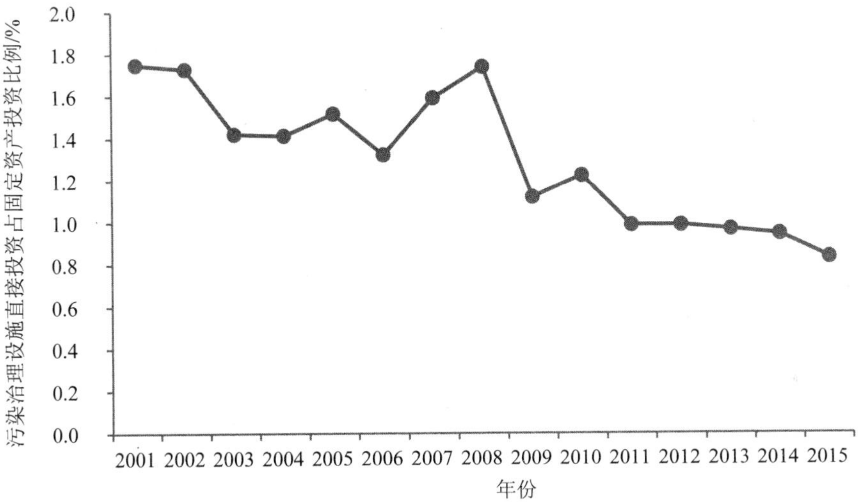

图 4-4　污染治理设施直接投资占固定资产投资比例情况

“十一五”以来，电力、燃气及水的生产和供应业的固定资产投资占全社会固定资产投资的比重均值为 6.5%，水利、环境和公共设施管理业固定资产投资占全社会固定资产投资的比重均值为 8%，电力、燃气及水的生产和供应业固定资产投资占全社会固定资产投资的比重虽呈下降趋势，但保持在 4%以上，两个行业均高于污染治理设施直接投资占全社会固定资产投资的比重，保持着一定的差距。教育固定资产投资占全社会固定资产投资比重均值为 1.6%，近几年虽呈下降趋势，但保持在 1.2%以上，卫生、社会保障和社会福利业固定资产投资占全社会固定资产投资比重均值为 0.7%，两个行业与污染治理设施直接投资占全社会固定资产投资比重接近。

4.1.3 财政环境保护支出[①]与财政支出

（1）全国财政环境保护支出与全国财政支出比较。“十二五”期间，财政环境保护支出增长较快，2015 年达到 2 170.83 亿元，是“十一五”末 2010 年的 1.8 倍，且 2015 年增长率接近 20%。同期，我国的财政支出也有显著增长，2015 年达到 175 877.77 亿元，是“十一五”末 2010 年的两倍。但受经济下行压力及降税带来的财政收入压力影响，财政支出增长率呈逐年下降趋势，从 2011 年的 21.6% 下降到 2015 年的 15.9%。尽管在经济下行压力下财政环境保护支出仍保持较快增长，但其占国家财政支出的比重基本保持在 1.1%～1.2%，整体水平仍偏低，并未成为民生改善支出的重点领域（表 4-5、图 4-5）。

表 4-5 “十二五”期间财政环境保护支出情况

年份	财政环境保护支出		财政支出		财政环境保护支出占财政支出比例/%
	规模/亿元	增长率/%	规模/亿元	增长率/%	
2011	1 261.85	4.5	109 247.79	21.6	1.16
2012	1 465.28	16.1	125 952.97	15.3	1.16
2013	1 569.58	7.1	140 212.10	11.3	1.12
2014	1 821.96	16.1	151 785.56	8.3	1.20
2015	2 170.83	19.1	175 877.77	15.9	1.23
“十二五”合计	8 289.50	—	703 076.19	—	1.18

① 与 3.5.2 节口径一致。

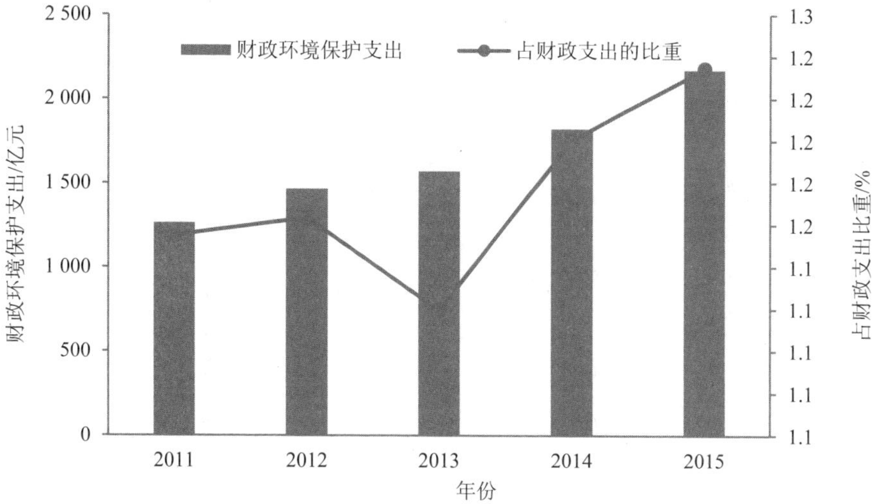

图 4-5　“十二五”期间全国财政环境保护支出规模及占财政支出比重情况

（2）中央环境保护支出（含转移支付）与中央财政支出（含转移支付）比较。“十二五”期间，中央环境保护支出先增后减，2012 年达到峰值 580.91 亿元，受经济下行压力及降税带来的财政收入压力影响，2012 年之后呈下降趋势，2014 年较 2013 年下降了 27.7%，下降幅度最大。同期中央财政支出虽有增长，但增速放缓，增长率从 2011 年的 16.8%下降到 2015 年的 8.7%。总体来看，中央环境保护支出占中央财政支出的比重呈下降走势。说明中央环境保护支出尚未形成稳定的投入机制，中央政府对于环境保护支出的重视度不足（表 4-6、图 4-6）。

表 4-6　中央环境保护支出（含转移支付）情况

年份	中央环境保护支出		中央财政支出		中央环境保护支出占中央财政支出比重/%
	规模/亿元	增长率/%	规模/亿元	增长率/%	
2011	502.76	5.4	56 435.32	16.8	0.9
2012	580.91	15.5	64 126.31	13.6	0.9
2013	566.42	−2.5	68 491.68	6.8	0.8
2014	409.56	−27.7	74 161.11	8.3	0.5
2015	487.05	18.9	80 639.66	8.7	0.6
“十二五”合计	2 546.70	—	343 854.08	—	0.7

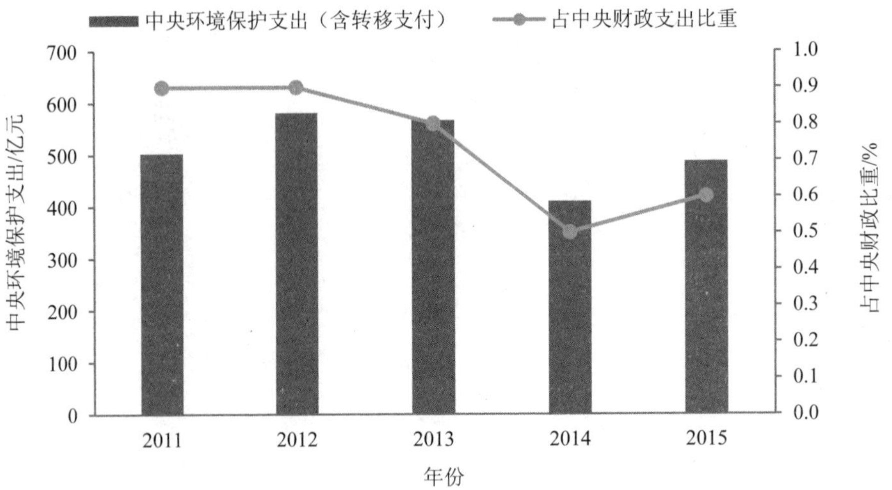

图 4-6　中央环境保护支出（含转移支付）情况

4.2　关联性分析

4.2.1　简单相关性分析

简单相关性分析主要是通过全社会环保投资、GDP、全社会固定资产投资以及财政支出的数据，分析环保投资与经济增长之间的关联性。为保证协整分析的合理性，首先要分析环保投资与 GDP、固定资产投资以及财政支出之间的关联性。从表 4-8 可以看出，环保投资与 GDP、固定资产投资以及财政支出的关联性很强且呈正相关。随着我国国民经济和社会发展，环保投资也稳步提升，尽管近两年面临较大的经济下行压力，环保投资也保持着良好的增长趋势，但环保投资占 GDP 比重一直偏低，波动性大，受政策性影响较强，仍需要国家大力支持。

表 4-7　环保投资与宏观经济数据　　　　单位：亿元

年份	环保投资	GDP	固定资产投资	财政支出
1981	25.0	4 891.6	961.00	1 138.41
1982	28.7	5 323.4	1 200.40	1 229.98
1983	30.7	5 962.7	1 369.06	1 409.52
1984	33.4	7 208.1	1 832.87	1 701.02
1985	48.5	9 016.0	2 543.19	2 004.25
1986	73.9	10 275.2	3 120.60	2 204.91
1987	91.9	12 058.6	3 791.69	2 262.18
1988	99.9	15 042.8	4 753.80	2 491.21
1989	102.5	16 992.3	4 410.38	2 823.78
1990	109.1	18 774.3	4 517.00	3 083.59
1991	170.12	21 895.5	5 594.50	3 386.62
1992	205.56	27 068.3	8 080.09	3 742.20
1993	268.83	35 524.3	13 072.31	4 642.30
1994	307.2	48 459.6	17 042.10	5 792.62
1995	354.86	61 129.8	20 019.30	6 823.72
1996	408.2	71 572.3	22 913.50	7 937.55
1997	502.5	79 429.5	24 941.10	9 233.56
1998	721.8	84 883.7	28 406.20	10 798.18
1999	823.2	90 187.7	29 854.70	13 187.67
2000	1 060.7	99 776.3	32 917.70	15 886.50
2001	1 106.6	110 270.4	37 213.50	18 902.58
2002	1 367.2	121 002.0	43 499.90	22 053.15
2003	1 627.7	136 564.6	55 566.60	24 649.95
2004	1 909.8	160 714.4	70 477.43	28 486.89
2005	2 388	185 895.8	88 773.61	33 930.28
2006	2 566	217 656.6	109 998.16	40 422.73
2007	3 384.3	268 019.4	137 323.94	49 781.35
2008	4 490.3	316 751.7	172 828.40	62 592.66
2009	4 525.2	345 629.2	224 598.77	76 299.93
2010	6 654.2	408 903.0	251 683.77	89 874.16
2011	6 026.2	484 123.5	311 485.13	109 247.79
2012	8 253.6	534 123.0	374 694.70	125 952.97
2013	9 037.2	588 018.8	446 294.10	140 212.10
2014	9 575.5	636 138.7	512 760.7	151 785.56
2015	8 806.3	676 708.0	562 000.0	175 877.8

表 4-8　环保投资与宏观经济参数关联系数表

关联性				
	环保投资	GDP	固定资产投资	财政支出
环保投资	1	0.992 87	0.989 722	0.995 499
GDP	0.992 87	1	0.985 59	0.994 964
固定资产投资	0.989 722	0.985 59	1	0.995 757
财政支出	0.995 499	0.994 964	0.995 757	1

4.2.2　协整分析

协整分析是对经济变量之间更深层次的内在机理分析，分析变量之间是否存在长期均衡关系。设环保投资为 EP，GDP 总量为 GDP，固定资产投资为 AI，财政支出为 PE，对四变量取对数，不改变它们的性质。设对数化后的四变量分别为 LEP、LGDP、LAI、LPE，四变量单位根检验如表 4-9 所示。

表 4-9　环保投资与宏观经济参数 ADF 检验

变量	检验形式（C，T，K）	检验值	5%临界值	平稳性	变量	检验形式（C，T，K）	检验值	5%临界值	平稳性
LEP	（C，T，1）	−3.129 469	−3.552 973	非平稳	ΔLEP	（C，T，1）	−6.893 334	−3.557 759	平稳
LGDP	（C，T，1）	−2.426 095	−3.557 759	非平稳	ΔLGDP	（C，T，1）	−3.588 878	−3.562 882	平稳
LAI	（C，T，1）	−3.890 094	−3.557 759	平稳	—	—	—	—	—
LPE	（C，T，1）	−2.092 453	−3.557 759	非平稳	Δ^2LPE	（C，T，1）	−5.449 477	−3.568 379	平稳

注：其中检验形式（C，T，K）分别表示单位根检验方程包括常数项、时间趋势和滞后项的阶数，Δ 表示差分算子。

LEP 和 LGDP 在 5%显著性水平下为平稳序列，即 LEP～I(1)、LGDP～I(1)。环保投资与固定资产投资以及财政支出之间不满足同阶单整，它们之间不存在长期均衡关系。环保投资和 GDP 满足协整关系的必要条件，构造检验方程：

$$LEP_t = 0.693\,739 \times LEP_{t-1} + 0.372\,381 \times LGDP_t - 2.059\,33\ (t>1)$$

$$(5.59)\quad (2.40)\quad (-2.14)$$

$$D\text{-}W=2.19 \qquad F=3\,593.12$$

残差序列进行单位根检验，结果如下：

表 4-10　残差序列 ADF 检验结果

ADF 检验	−5.922 282	1%临界值	−4.273 277
		5%临界值	−3.557 759
		10%临界值	−3.212 361

残差序列在 1%显著性水平下是平稳的，说明它们之间存在协整关系。回归方程拟合优度达到 99%，说明环保投资和 GDP 存在长期均衡关系。从回归方程来看，环保投资与 GDP 存在较为明显的正相关，随经济增长而逐年提高。同时，环保投资与自身前一期投资规模也存在较强的正相关，即前一期环保投资规模影响当期环保投资，如上一年城市环境基础设施投资启动及实施效果较好，会较好地带动当年的城市环境基础设施建设，上一年工业污染源治理投资缓慢，预期需求不强，也会影响当年的工业污染源治理投资，但从投资总量和结构比例来看，城市环境基础设施投资和建设项目“三同时”环保投资占环保投资的 90%左右，因而总体上上一期环保投资对当期的环保投资的影响是正向的。

第5章 “十二五”环保投资效益评估

作为环境质量改善的重要物质保障，“十二五”环保投资在发挥直接环境效益、降低污染物排放的同时，在促进经济总产出、GDP、居民收入和税收增加等方面也发挥着重要作用。

5.1 污染减排效应

5.1.1 分解模型研究进展

自 Grossman 和 Krueger 首次用负的规模效应和正的结构效应、技术效应这三类效应来解释环境库兹涅茨倒 U 形曲线之后，国内外学者对污染变化的成因开展了广泛研究。一些经济学家从规模效应、结构效应和技术效应角度对环境库兹涅茨曲线形成的原因和机理进行研究分析。有的学者认为，工业规模的扩大是污染排放增长的直接原因。有的学者认为，经济增长过程中的产业结构升级会导致环境库兹涅茨曲线的演变，这属于结构效应。有的学者认为，经济发展到一定阶段就可能产生技术上的突破，采用较清洁的技术，这属于技术效应。结构变化、技术进步、需求模式改变和更有效的法规等被认为是污染下降的主要原因。一般而言，在实际经济活动中，经济增长对环境的影响可分解为 3 种效应：规模效应、结构效应和技术效应。经济增长过程中环境污染的变化方向是这 3 种效应共同作用的结果。

近年来，分解分析被引入研究中，以确定各种机制的相对重要性，特别是确定结构变化对降低污染的贡献。基本的分解模型将污染变化分解为经济规模扩大导致的规模效应、经济结构变化导致的结构效应以及各部门污染强度变化导致的技术效应，其扩展模型可以进一步将技术效应分解为能源组成、能源效率和其他技术效应。de Bruyn 使用分解方法分析了结构变化和环境政策在 SO_2 排放变化中的贡献，认为环境政策是荷兰和前西德在 1980—1990 年 SO_2 排放下降的主要原因。Selden 等分析了 1970—1990 年美国空气清洁法案所包含的 6 个污染物的变化，认为结构效应本身不足以导致污染物排放的下降，并特别强调了《美国空气清洁法案》在其他技术效应中的关键作用。分解分析方法由于分离了各种可能机制对污染变化的贡献，为分析污染变化的主要影响因素提供了实证依据，受到越来越多的重视。但是在国内这方面的研究并不多见，陈六君（2004）等利用分解模型计算了中国工业污染变化中的规模效应、结构效应、清洁技术效应和污染治理效应，研究结果表明，1992—2000 年，规模效应与结构效应增加工业污染，其中规模效应占主要部分；清洁技术效应与污染治理效应减少工业污染，其中清洁技术效应占主要部分。周静等（2007）对江苏的污染排放变化的影响因素研究结果显示，规模效应促进污染物排放量增加，结构效应和广义技术效应的作用方向不确定，但广义技术效应对污染物控制有决定性作用，强力的环境政策和管理措施能够有效地控制污染物排放。

5.1.2 效应分解模型

（1）内涵拓展。基于污染变化的分解分析方法，对分解模型的内涵进行延伸，将此模型推广应用到污染去除因素分析中，对环保投资增长的规模效应、结构效应和技术效应进行定量分解。

规模效应是指随着环保投资规模的扩大，污染物去除量也随之增加，如果投资结构和污染治理技术水平不变，投资规模作用的结果将使污染去除量增加。结构效应是指环保投资中城市环境基础设施投资、工业污染源治理投资、建设项目“三同时”环保投资的污染治理效果有所差异，环保投资结构的变化对污染物去除水平造成一定的影响。技术效应是指通过污染治理技术进步，单位投资的污染物去除量随之增加。

（2）模型构建。基于对污染物排放量变化分解分析方法内涵的扩展，以定量分析环保投资的规模效应、结构效应、技术效应对于污染去除的贡献。

对某种污染物去除量变化因素进行分析的 de Bruyn 分解模型的基本公式为：

$$E_t = V_t \sum_i S_{it} I_{it} \tag{5.1}$$

式中：E_t—— t 年统计污染物削减量；

V_t—— t 年统计的环保投资；

S_{it}—— t 年环保投资构成 i 的份额（$S_{it}=V_{it}/V_t$）；

I_{it}—— 构成 i 的污染削减强度（$I_{it}=E_{it}/V_{it}$）。

式（5.1）表示污染削减的变化来自于 V_t 的变化（规模效应）、S_{it} 的变化（结构效应）和 I_{it} 的变化（技术效应）。这里规模效应是指由于环保投资总量的变化所产生的污染物去除量的变化，结构效应指由于环保投资构成份额的变化所造成的污染物去除量的变化，技术效应则指造成污染物削减强度变化的各种因素的综合。

让污染去除量变化完全归入各种效应，需要处理分解余量（来自各因素变化量的耦合），目前广泛使用的方法包括固定权重方法、适应权重方法（AWD）、平均分配余量方法等。本节利用分层次的分解方法以实现对污染物去除量变化效应的完全分解，该方法将式（5.1）看作两个层次的连续分解：第 1 个层次为 $E_t=V_tI_t$，将污染物去除量分解为环保投资总量和宏观去除效率；第 2 个层次为 $I_t = \sum_i S_{it} I_{it}$，将宏观强度分解为环保投资构成和各构成的去除效率。

分层次分解方法可以根据数据可获得性来选择其分解层次的深入程度，则污染去除量变化 G_{tot} 分解为规模效应 G_{sca}、结构效应 G_{str} 和广义的技术效应 G_{int}，规模效应 G_{sca}、结构效应 G_{str}、技术效应 G_{int} 的计算公式分别见式（5.2）至式（5.5）。

$$G_{\text{tot}}=G_{\text{sca}}+G_{\text{str}}+G_{\text{int}} \tag{5.2}$$

$$G_{\text{sca}}=g_V(1+0.5g_I) \tag{5.3}$$

$$G_{\text{str}} = \sum_i e_{i0} g_{S_i} \left(1+\frac{1}{2} g_{I_i}\right)\left(1+\frac{1}{2} g_V\right) \tag{5.4}$$

$$G_{\text{int}} = \sum_i e_{i0} g_{I_i} \left(1+\frac{1}{2} g_{S_i}\right)\left(1+\frac{1}{2} g_V\right) \tag{5.5}$$

其中，当计算污染去除量变化的各种效应时，$G_{\text{tot}}=(E_t-E_0)/E_0$ 为 t 年相对于基年的污染去除量的变化，$e_{i0}=E_{i0}/E_0$ 为基年环保投资构成 i 的污染去除份额；$g_x=(x_t-x_0)/x_0$ 为 t 年变量 x 相对于基年的变化率，x 代表 V、I、S_i、I_i。

（3）数据选取。大气、固体废物治理指标无法对应到工业污染源治理投资、建设项目“三同时”环保投资和城市环境基础设施投资三部分。COD 去除量指标可以对应到工业污染治理投资（工业污染源治理投资与“三同时”环保投资用于废水的部分之和）和城市环境基础设施投资两大部分中。因此，在此选取 COD 去除量指标分析环保投资的污染控制效应。

本研究选取 COD 去除量为分析对象，分析时间为 2010—2015 年。效应计算所需数据均来源于环境年报和统计年鉴。围绕 COD 去除量变化，综合考虑规模效应（环保投资总量）、结构效应（工业污染源治理投资与城市环境基础设施环保投资）、技术效应（单位投资 COD 去除量）。g_x 为各指标 2015 年相对于 2010 年的变化率。

按照分解模型的内涵，此模型解决的是规模效应、结构效应与技术效应对特定的污染控制效果下各效应的贡献率，并非三者对污染控制的灵敏性。

5.1.3 实证分析

（1）基于环保投资全口径。2010 年环保投资总量 6 654.2 亿元，其中城市环境基础设施投资 4 224.2 亿元，污水处理厂 COD 去除量 882.57 万 t，去除效率 0.208 9 t/万元；工业污染源治理投资与建设项目“三同时”环保投资合计为 2 430 亿元，工业 COD 去除量 1 415.39 万 t，单位投资去除量为 0.582 5 t/万元。2015 年环保投资总量为 8 806.3 亿元，其中城市环境基础设施投资为 4 946.8 亿元，污水处理厂 COD 去除量为 1 033.4 万 t，单位投资去除量为 0.208 9 t/万元；工业污染源治理投资与建设项目“三同时”环保投资合计为 3 859.5 亿元，工业 COD 去除量

1 655.6 万 t，单位投资去除量为 0.429 0 t/万元。

表 5-1　2010 年与 2015 年环保投资与 COD 去除量比较

类别	2010 年投资/亿元	2015 年投资/亿元	2010 年 COD 去除量/万 t	2015 年 COD 去除量/万 t
工业污染源	2 430.0	3 859.5	1 415.39	1 655.6
城市环境设施	4 224.2	4 946.8	882.57	1 190.91
合计	6 654.2	8 806.3	2 297.96	2 846.5

基于效应分解模型和方法，从规模效应、结构效应与技术效应 3 个方面，统筹考虑，对 COD 去除效应予以计算，计算结果如下：

表 5-2　计算结果

G_{tot}	G_{sca}	G_{str}	G_{int}
0.238 7	0.313 1	0.069 1	−0.143 4

上述结果表明：2015 年与 2010 年相比，COD 去除量增加 23.87%，其中规模效应贡献率为 31.3%，结构效应贡献率为 6.9%，技术效应为−14.3%。从规模效应分析，2010 —2015 年，环保投资总量增长较大（增长 32.3%），对 COD 去除量增加影响较大。从结构效应分析，其中 2010 年工业污染源治理投资占 36.5%，城市环境基础设施投资占 63.5%，而 2015 年工业污染源治理投资占 43.8%，城市环境基础设施投资占 56.2%，环保投资结构变化较小，对 COD 去除量影响亦较小。由于工业污染源治理投资的 COD 去除效率要高于城市环境基础设施投资，工业污染源治理投资份额提高意味着在投资规模不变的情况下，污染物去除量变大，因而，环保投资结构变化对 COD 去除量的影响为正。就技术效应而言，环保投资去除效率下降，其中 2010 年单位投资 COD 去除量 0.345 3 t/万元，2015 年为 0.323 2 t/万元，下降 6.4%。

（2）基于废水治理投资口径。仅以"三同时"环保投资和工业污染源用于废水治理投资、城市环境基础设施建设中污水处理投资的口径进行效应分解。以 2015 年与 2010 年比较为例。

2010 年环保投资总量为 1 192.28 亿元，其中城市环境基础设施投资中用于废水治理的投资为 521.4 亿元，污水处理厂 COD 去除量为 882.57 万 t，去除效率为 1.69 t/万元；工业污染源治理投资与“三同时”环保投资中用于废水的投资合计为 670.88 亿元，工业 COD 去除量 1 415.39 万 t，单位投资去除量为 2.11 t/万元。2015 年用于废水治理的环保投资总量 1 603.1 亿元，其中城市环境基础设施投资 639.2 亿元，污水处理厂 COD 去除量 1 190.91 万 t，单位投资去除量为 1.86 t/万元；工业污染源治理投资与“三同时”环保投资中用于废水治理的投资合计为 963.9 亿元，工业 COD 去除量 1 655.6 万 t，单位投资去除量为 1.72 t/万元。

表 5-3 2010 年与 2015 年废水治理投资与 COD 去除量比较

行业	2010 年投资/亿元	2015 年投资/亿元	2010 年 COD 去除量/万 t	2015 年 COD 去除量/万 t
工业废水治理	670.88	963.9	1 415.39	1 655.6
城建污水处理	521.4	639.2	882.57	1 190.91
合计	1 192.28	1 603.1	2 297.96	2 846.5

基于效应分解模型和方法，从规模效应、结构效应与技术效应 3 个方面，对 COD 去除效应予以计算，计算结果如下：

表 5-4 计算结果

G_{tot}	G_{sca}	G_{str}	G_{int}
0.238 7	0.331 0	0.003 2	−0.095 5

计算结果表明，2015 年与 2010 年相比，COD 去除量增加 23.87%，从效应分解可以看出，规模效应贡献率为 33.1%，结构效应贡献率为 0.32%，技术效应贡献率为−9.55%。去除量的增加主要是受环保投资总量影响较大，技术效应次之，结构效应影响为负。

5.2 工业污染治理效率

利用数据包络分析模型的（Data Envelopment Analysis，DEA）Malmquist 指数方法对 2006—2015 年全国 30 个省（市、区）（未包括西藏地区）的工业污染治理效率进行实证，找出效率的变化特征，为环境治理效率提升及环境质量改善提供科学依据。

5.2.1 模型方法

Malmquist 指数方法最初由 Malmquist 于 1953 年提出，Caves 等于 1982 年开始将这一指数应用于生产效率变化的测算，1994 年 Fare 等将这一理论的一种非参数线性规划方法与 DEA 相结合，才使得 Malmquist 指数被广泛运用。Malmquist 指数利用面板数据，比较生产要素在不同时期的投入产出比率效率，其优势在于采用最优化方法内定变量权重，不用指定投入与产出的具体函数关系，而且模型结果与变量选用量纲无关。

Malmquist 指数方法通过距离函数而定义，距离函数可以从投入和产出两个不同的角度给出。投入距离函数是在给定的产出条件下，衡量投入向量能够向内缩减的程度；产出距离函数是在给定的投入条件下，衡量产出向量的最大扩张幅度。下面用式（5.6）来进行说明。

$$M_{0,\ t+1}\left(X_{t-1},Y_{t-1},X_t,Y_t\right)=\sqrt{\frac{D_0^{t-1}\left(X_t,Y_t\right)}{D_0^{t-1}\left(X_{t-1},Y_{t-1}\right)}\times\frac{D_0^{t}\left(X_t,Y_t\right)}{D_0^{t}\left(X_{t-1},Y_{t-1}\right)}} \tag{5.6}$$

式中，（X_{t-1}，Y_{t-1}）和（X_t，Y_t）分别表示评价对象在 $t-1$ 和 t 时期的投入产出向量。D_{t-1}（X_{t-1}，Y_{t-1}）表示以 $t-1$ 时期技术作参照的 $t-1$ 时期投入产出向量的产出距离函数。D_{t-1}（X_t，Y_t）表示以 $t-1$ 时期技术作参照的 t 时期的投入产出向量的产出距离函数，依此类推。$M_{0,\ t+1}$ 为固定规模报酬下的距离函数，即全要素生产率的变动，当其大于 1 时，表示生产率或投入产出效率的提升或进步；当其小于 1 时，表示生产率的倒退；当其等于 1 时，代表生产效率没有变化。式（5.6）中的 Malmquist 指数即全要素生产率可以分解为技术效率和技术进步两个部分：

$$M_{0,\ t+1}\left(X_{t-1},Y_{t-1},X_t,Y_t\right)=\frac{D_0^{t}\left(X_t,Y_t\right)}{D_0^{t-1}\left(X_{t-1},Y_{t-1}\right)}\times\sqrt{\frac{D_0^{t-1}\left(X_{t-1},Y_{t-1}\right)}{D_0^{t}\left(X_{t-1},Y_{t-1}\right)}\times\frac{D_0^{t-1}\left(X_t,Y_t\right)}{D_0^{t}\left(X_t,Y_t\right)}}=E_{\mathrm{ch}}T_{\mathrm{ch}} \tag{5.7}$$

式中：E_{ch} —— 技术效率指数，表示从 t–1 时期到 t 时期产出相同单位产品时投入的目标值与实际值之比；

T_{ch} —— 技术进步指数，表示从 t–1 时期到 t 时期工艺、技术水平的变化。

式（5.7）的分解结果是基于固定规模报酬的假设，在变动规模报酬的假设下可将式（5.7）进一步扩展：

$$M_{v,\ c,\ t+1}\left(X_{t-1},Y_{t-1},X_t,Y_t\right)=$$

$$\frac{D_v^t\left(X_t,Y_t\right)}{D_v^t\left(X_{t-1},Y_{t-1}\right)}\times\left\{\frac{D_v^{t-1}\left(X_{t-1},Y_{t-1}\right)}{D_c^{t-1}\left(X_{t-1},Y_{t-1}\right)}\Bigg/\frac{D_v^t\left(X_t,Y_t\right)}{D_c^t\left(X_t,Y_t\right)}\right\}\times\sqrt{\frac{D_c^{t-1}\left(X_{t-1},Y_{t-1}\right)}{D_c^t\left(X_{t-1},Y_{t-1}\right)}\times\frac{D_c^{t-1}\left(X_t,Y_t\right)}{D_c^t\left(X_t,Y_t\right)}}\quad(5.8)$$

$$=P_{\mathrm{ch}}S_{\mathrm{ch}}T_{\mathrm{ch}}$$

式（5.8）描述了在变动规模报酬的情况下，将技术效率进一步分解为纯技术效率（P_{ch}）和规模效率（S_{ch}）的变化。纯技术效率一般是指由于管理方面的因素对生产效率产生的影响，而规模效率一般是指由于投资规模的变化对生产效率产生的影响。

综上，Malmquist 指数共包含全要素生产率、技术效率、技术进步、纯技术效率和规模效率五项效率指标。相互之间的关系为：全要素生产率可分解为技术效率和技术进步，是二者的乘积，而技术效率又可分解为纯技术效率和规模效率，是二者的乘积。

5.2.2　指标选取与数据处理

从大气和水两个角度开展工业污染治理效率的评价。依据 DEA 模型的理论设定，工业大气污染治理效率评价的投入指标包括工业废气治理投资、工业废气运行投资，分别反映了工业大气污染治理过程中固定资产投入和流动要素的投入情况。同时，污染治理的效果直接表现为大气污染物的去除量，考虑到数据的可获得性，选择工业废气 SO_2 去除量、烟（粉）尘去除量、NO_x 去除量作为大气污染治理产出的表征指标。同样地，工业水污染治理效率评价的投入指标包括工业废水治理投资、工业废水运行投资，选择工业废水处理量、COD 去除量、氨氮去除量作为水污染治理产出的表征指标。综上，大气和水污染治理效率的评价指标如表 5-5 所示。

表 5-5　工业污染治理效率评价投入产出指标

评价目的	投入指标	产出指标
工业大气污染治理效率	废气治理投资 废气运行投资	工业废气 SO_2 去除量
		工业烟（粉）尘去除量
		工业 NO_x 去除量
工业水污染治理效率	废水治理投资 废水运行投资	工业废水处理量
		工业 COD 去除量
		工业氨氮去除量

根据 Malmquist 指数法的要求和数据的可得性，选取 2006—2015 年国内 30 个省（市、区）（未含西藏自治区，该区数据缺失多，将其剔除）作为分析对象，所有的数据来源于 2006—2015 年的《中国环境统计年报》《中国统计年鉴》。

5.2.3　工业大气污染治理效率实证结果

（1）各省（市、区）工业大气污染治理效率。2006—2015 年 30 个省（市、区）的工业大气污染治理全要素生产率（TFP）分解指数计算结果如表 5-6 所示。总体来看，2006—2015 年 30 个省（市、区）的工业大气污染治理全要素生产率的平均值为 0.97，平均下降 3%，其中技术效率指数平均值为 1.038，平均增长 3.8%；技术进步指数平均值为 0.934，平均下降 6.6%。因此，工业大气污染治理全要素生产率的下降主要归因于技术进步的不足，技术的利用尚处于较为粗放的阶段，对新技术的消化吸收能力不足。而技术效率指数的增长得益于纯技术效率指数和规模效率指数的双提升，分别增长 1.5%和 2.2%，说明工业大气污染治理不仅依赖投资规模的增加，而且注重管理效率的提升。

表 5-6 2006—2015 年各省（市、区）工业大气污染治理效率均值

序号	地区	技术效率	技术进步	纯技术效率	规模效率	全要素生产率
1	北京	1.01	0.858	1.092	0.925	0.867
2	天津	0.896	0.903	0.897	0.999	0.809
3	河北	1.049	0.962	1	1.049	1.009
4	山西	1.139	0.953	1.052	1.083	1.085
5	内蒙古	0.993	0.918	1	0.993	0.912
6	辽宁	1.076	0.849	0.973	1.106	0.913
7	吉林	0.978	0.855	0.982	0.997	0.837
8	黑龙江	1	0.846	1	1	0.846
9	上海	1.072	0.979	0.972	1.103	1.05
10	江苏	1.011	1.01	0.989	1.023	1.022
11	浙江	1.049	0.972	0.96	1.092	1.019
12	安徽	0.981	0.891	1	0.981	0.875
13	福建	1.015	1.006	1	1.015	1.021
14	江西	0.959	0.914	0.977	0.981	0.876
15	山东	0.982	0.97	1	0.982	0.952
16	河南	1.044	0.941	1	1.044	0.982
17	湖北	1.012	0.899	0.991	1.021	0.91
18	湖南	0.942	0.993	0.961	0.981	0.936
19	广东	1.159	1.091	1.07	1.084	1.266
20	广西	0.965	0.936	0.972	0.993	0.904
21	海南	1.072	1.026	1	1.072	1.1
22	重庆	1.119	0.878	1.092	1.025	0.983
23	四川	1.083	0.977	1.059	1.023	1.058
24	贵州	1.039	0.884	1.031	1.008	0.919
25	云南	1.059	0.923	1.007	1.051	0.978
26	陕西	1.026	0.958	1.009	1.017	0.982
27	甘肃	1	1.037	1	1	1.037
28	青海	1.114	0.857	1.137	0.98	0.955
29	宁夏	1.115	0.967	1.11	1.004	1.078
30	新疆	1.254	0.829	1.175	1.067	1.04
平均值		1.038	0.934	1.015	1.022	0.97

如图 5-1 所示，30 个省（市、区）中，工业大气污染治理全要素生产率＞1 的省（市、区）有 12 个（排名前五的分别是广东、海南、山西、宁夏、四川），

占比 40%；工业大气污染治理全要素生产率<1 的省（市、区）有 18 个（排名后五的分别是天津、吉林、黑龙江、北京、安徽），占比 60%，说明 2006—2015 年，我国一半以上的省（市、区）工业大气污染治理效率较差。

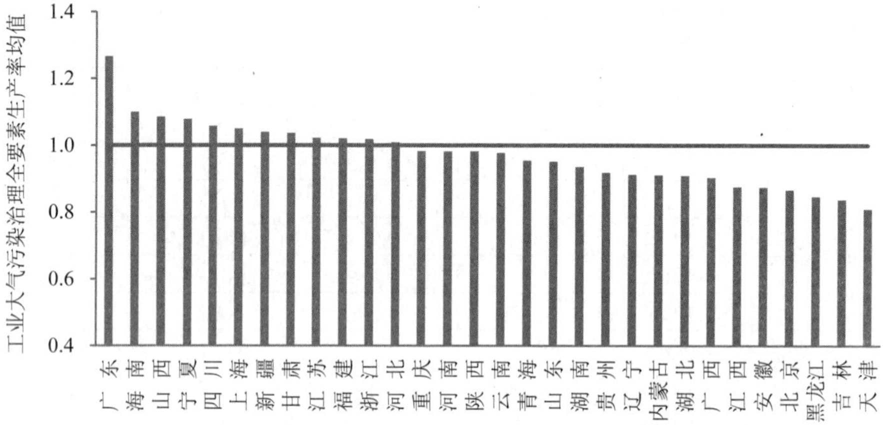

图 5-1　2006—2015 年 30 个省（市、区）工业大气污染治理全要素生产率均值排序

（2）各区域工业大气污染治理效率。按照国家统计局的区域分类方法，将研究中的 30 个省（市、区）划分为东部、中部、西部三大区域，2006—2015 年区域工业大气污染治理效率的平均值情况见表 5-7。其中，东部地区的全要素生产率最高，其值为 1.003，中部地区的全要素生产率最低，其值为 0.965。西部和中部地区的全要素生产率低的主要原因是技术进步不足（技术进步指数小于 1），技术效率指数、纯技术效率指数和规模效率指数均大于 1。由此说明，要提高中西部地区的工业大气污染治理效率，施用先进的治理技术是关键，通过鼓励中西部工业企业技术引进、自主研发等方式提升大气污染治理效率。

总体来看，三大区域的工业大气污染治理效率相差并不是很大，这也说明我国在工业发展进程中，不仅重视经济发达地区的大气污染治理，同时也十分重视中西部欠发达地区的大气污染治理，能够协调好各地区之间的关系，符合科学发展、协调发展的策略。

表 5-7 2006—2015 年我国区域工业大气污染治理效率均值

区域	技术效率	技术进步	纯技术效率	规模效率	全要素生产率
东部	1.036	0.966	0.996	1.041	1.003
中部	1.040	0.928	1.020	1.020	0.965
西部	1.077	0.925	1.059	1.017	0.993

（3）时间维度工业大气污染治理效率。由图 5-2 所示的 2006—2015 年全国 30 个省（市、区）平均意义上的工业大气污染治理全要素生产率变化情况，可以将我国工业大气污染治理效率大致分为 3 个阶段：第一阶段（2006—2009 年），波动上升阶段，全要素生产率由 2006 年的 0.908 上升至 2009 年的 1.089，在 2007 年出现了小幅下降；第二阶段（2009—2013 年），下降阶段，全要素生产率由 2009 年的 1.089 下降至 2013 年的 0.847；第三阶段（2013—2015 年），上升阶段，伴随 2013 年《大气污染防治行动计划》的出台，全要素生产率开始提升，从 0.847 逐步上升至 1.176。

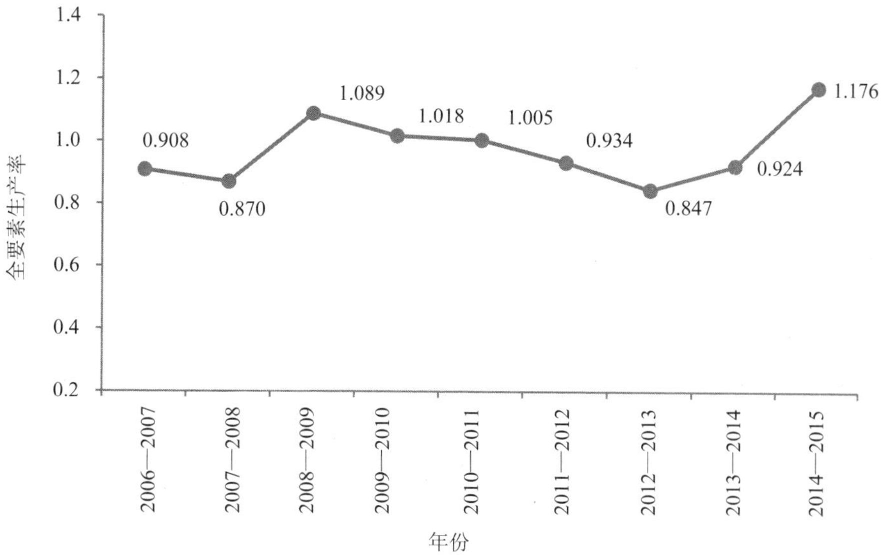

图 5-2 2006—2015 年 30 个省（市、区）全要素生产率变化分时段特征

从分解指数可以看出（表 5-8），第二阶段全要素生产率指数下降的原因主要是技术进步指数的下滑，说明工业企业在引用先进技术和推广适用技术方面存在不足，阻碍了该时期全要素生产率的提升，而第三阶段的提升也正是得益于技术进步指数的提高。

表 5-8　2006—2015 年 30 个省（市、区）工业大气污染治理效率指数分解情况

年份	技术效率	技术进步	纯技术效率	规模效率	全要素生产率
2006—2007	1.094	0.83	1.022	1.07	0.908
2007—2008	1.173	0.742	1.079	1.088	0.87
2008—2009	1.036	1.052	0.973	1.064	1.089
2009—2010	0.836	1.217	0.922	0.907	1.018
2010—2011	1.085	0.926	1.156	0.939	1.005
2011—2012	1.183	0.789	1.022	1.158	0.934
2012—2013	1.076	0.787	1.086	0.991	0.847
2013—2014	0.898	1.029	0.917	0.979	0.924
2014—2015	1.014	1.16	0.984	1.03	1.176
均值	1.038	0.934	1.015	1.022	0.97

5.2.4　工业水污染治理效率实证结果

（1）各省（市、区）工业水污染治理效率。2006—2015 年 30 个省（市、区）的工业水污染治理全要素生产率（TFP）分解指数计算结果如表 5-9 所示。总体来看，2006 —2015 年 30 个省（市、区）的工业水污染治理全要素生产率的平均值为 0.995，下降 0.5%，其中，技术效率指数平均值为 1.008，平均增长 0.8%；技术进步指数平均值为 0.987，平均下降 1.3%。由此可知，全要素生产率的下降主要归因于技术进步的不足，说明工业水污染治理领域对新技术的消化吸收能力不足。技术效率的改善主要得益于纯技术效率指数的提升，增长 1%，而规模效率指数有所下降，降低 0.2%，说明水污染治理领域的投入略有不足，要提升治理效率，需加大投入力度。

表 5-9 2006—2015 年各省（市、区）工业水污染治理效率指数平均值

序号	地区	技术效率	技术进步	纯技术效率	规模效率	全要素生产率
1	北京	0.912	1.01	0.943	0.967	0.921
2	天津	0.93	0.977	0.929	1.001	0.909
3	河北	1	1.01	1	1	1.01
4	山西	1.068	0.917	1.041	1.026	0.979
5	内蒙古	0.971	0.975	1.007	0.964	0.946
6	辽宁	1.136	0.972	1.098	1.035	1.104
7	吉林	1	0.968	1	1	0.968
8	黑龙江	1.077	1.09	1.1	0.979	1.174
9	上海	0.881	1.04	0.882	0.999	0.916
10	江苏	0.972	1.011	0.995	0.976	0.982
11	浙江	0.954	1.003	0.965	0.988	0.956
12	安徽	0.957	1.036	0.969	0.987	0.992
13	福建	1.014	0.975	1.013	1.001	0.989
14	江西	1	0.969	1.006	0.994	0.969
15	山东	0.983	1.004	1	0.983	0.987
16	河南	0.993	0.986	1	0.993	0.979
17	湖北	1.023	0.991	1.017	1.006	1.014
18	湖南	1	0.92	1	1	0.92
19	广东	1.051	1.042	1.04	1.011	1.095
20	广西	1	0.96	1	1	0.96
21	海南	1.128	1.146	1.112	1.014	1.292
22	重庆	1.02	0.95	1.016	1.004	0.969
23	四川	1.002	0.983	1	1.002	0.985
24	贵州	1.054	0.948	1.049	1.005	0.999
25	云南	0.99	0.973	0.998	0.992	0.963
26	陕西	0.965	0.946	0.967	0.997	0.912
27	甘肃	1.065	0.959	1.088	0.98	1.022
28	青海	1.026	0.925	1	1.026	0.949
29	宁夏	1.006	1.022	1	1.006	1.028
30	新疆	1.109	0.936	1.113	0.996	1.037
平均值		1.008	0.987	1.01	0.998	0.995

如图 5-3 所示，30 个省（市、区）中，工业水污染治理全要素生产率>1 的省（市、区）有 9 个（排名前五的分别是海南、黑龙江、辽宁、广东、新疆），占比 30%；工业水污染治理全要素生产率<1 的省（市、区）有 21 个（排名后五的分别是天津、陕西、上海、湖南、北京），占比 70%，说明 2006—2015 年，我国大部分省（市、区）的工业水污染治理效率较差。

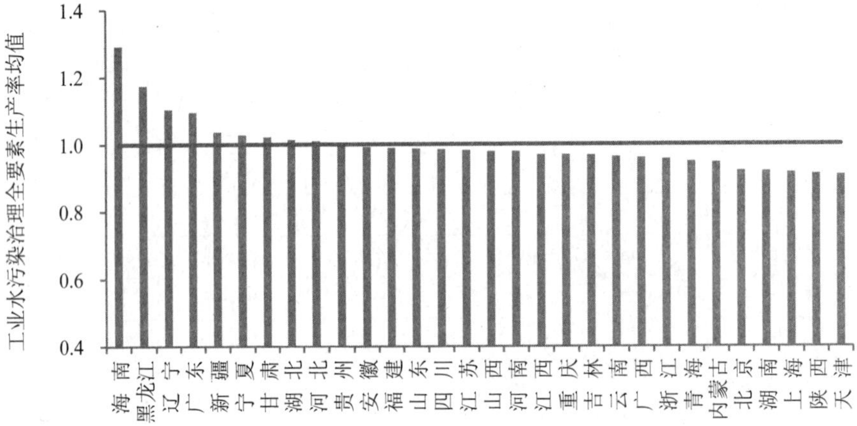

图 5-3　2006—2015 年 30 个省（市、区）工业水污染治理全要素生产率均值排序

（2）各区域工业水污染治理效率。2006—2015 年的区域工业水污染治理效率的平均值情况见表 5-10。其中，东部地区的全要素生产率最高，其值为 1.015，西部地区的全要素生产率最低，其值为 0.982。西部地区的全要素生产率低的主要原因是技术进步不足，技术效率指数、纯技术效率指数和规模效率指数均大于 1；中部地区的全要素生产率低的原因除技术进步不足外，还存在规模不足的问题。因此，要提高中西部地区的工业水污染治理效率，施用先进的治理技术是关键。

从总体上看，三大区域的工业水污染治理效率相差并不是很大，且均高于工业大气污染治理效率。这说明与治理大气污染相比，工业企业更加注重废水的污染治理。

表 5-10 2006—2015 年我国区域工业大气污染治理投入效率均值

区域	技术效率	技术进步	纯技术效率	规模效率	全要素生产率
东部	0.996	1.017	0.998	0.998	1.015
中部	1.010	0.984	1.016	0.994	0.993
西部	1.024	0.960	1.023	1.001	0.982

（3）时间维度工业水污染治理效率分析。由图 5-4 所示的 2006—2015 年全国 30 个省（市、区）平均意义上的工业水污染治理全要素生产率变化情况可知，我国工业水污染治理效率变化起伏较小，整体呈平稳状态，然而从近两年看，工业水污染治理全要素生产率有所下降，由 2014 年的 1.011 下降至 2015 年的 0.868。

由分解指数可以看出（表 5-11），近两年工业水污染治理全要素生产率下降的原因主要是技术效率和技术进步指数的双下降，而且引起技术效率下降的主因是规模效率的降低。由此，阻碍当前工业水污染治理效率的因素一方面是技术水平的不足，另一方面是投入规模的不足，在增强工业水污染治理投入效率过程中需对这两个方面进行重点提升。

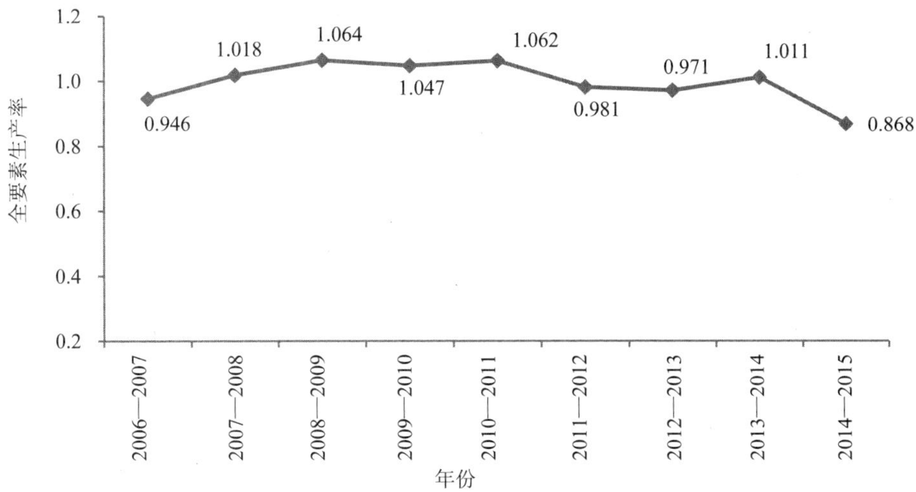

图 5-4 2006—2015 年 30 个省（市、区）全要素生产率变化分时段特征

表 5-11　2006—2015 年 30 个省（市、区）工业水污染治理效率指数分解情况

年份	技术效率	技术进步	纯技术效率	规模效率	全要素生产率
2006—2007	0.952	0.994	0.966	0.986	0.946
2007—2008	1.192	0.854	1.115	1.069	1.018
2008—2009	0.95	1.12	0.957	0.993	1.064
2009—2010	0.996	1.052	1.003	0.993	1.047
2010—2011	0.81	1.312	0.937	0.864	1.062
2011—2012	1.242	0.79	1.177	1.055	0.981
2012—2013	1.123	0.865	1.018	1.103	0.971
2013—2014	0.933	1.083	0.947	0.985	1.011
2014—2015	0.948	0.915	0.998	0.951	0.868

5.3　经济贡献效应

环保投资对经济的贡献作用主要体现在对环保产品、设备和服务的需求影响，使它们所属的行业需求和收入增加，需求和收入的增加会刺激为环保行业提供原材料的行业需求和消费增长，产生新一轮的生产和消费增加，如此循环，得到加总的各轮国民经济增量，即为一笔环保投资的经济贡献作用。以下采用投入产出理论对"十二五"期间环保投资的经济贡献效应进行实证。

5.3.1　投入产出模型

投入产出模型是基于投入产出表，系统分析国民经济各部门及再生产各环节之间技术经济联系的一种数量经济分析方法。由美国经济学家里昂惕夫教授于 20 世纪 30 年代提出，随后被广泛应用于经济分析、政策模拟、计划论证和经济预测。

投入产出表是一种特殊的纵横交错的棋盘式平衡表，简化的价值型投入产出表如表 5-12 所示。表中"投入"的含义，指的是各部门在生产、服务时的各种投入，分为中间投入和最初投入。表中"产出"的含义，指的是国民经济各部门生产的总产品、服务，以及产出的分配走向，分为中间使用和最终使用。

表 5-12 价值型投入产出表

投入＼产出	中间产品			最终产品	总产出
	部门 1	……	部门 n		
部门 1	X_{11}		X_{1n}	Y_1	X_1
……	……	……	……	……	……
部门 n	X_{n1}	……	X_{nn}	Y_n	X_n
中间投入合计	……	……	……		
……	……	……	……		
劳动者报酬	W_i	……	W_n		
……	……	……	……		
增加值合计	N_i	……	N_n		
总投入合计	X_i	……	X_n		

投入产出表三大部分相互连接，从总量和结构上全面、系统地反映国民经济各部门从生产到最终使用这一完整的实物运动过程中的联系。本表包含了三大平衡关系：

（1）行平衡。由左至右，中间使用+最终使用=总产出。

（2）列平衡。由上至下，中间投入+增加值（最初投入）=总投入。

（3）总量平衡。总产出=总投入，每个部门的总产出=该部门的总投入，中间投入总和+中间使用总和。

设定 a_{ij}、x_i、y_i 分别为直接消耗系数、总产出列向量、最终产出列向量，构建投入产出横向平衡关系：

$$\sum_j a_{ij} \cdot x_j + y_i = x_i \tag{5.9}$$

进一步表达为矩阵式：

$$X=(I-A)^{-1}Y \tag{5.10}$$

式（5.10）反映了国民经济最终产出 Y 与总产出 X 的定量关系。当最终产出发生变化（ΔY）时，可得：

$$\Delta X=(I-A)^{-1}\Delta Y \tag{5.11}$$

式（5.11）表示最终产出增量 ΔY 所引起的国民经济总产出增量 ΔX。由于最终产出是由消费、资本形成以及出口组成，则可将环保投资按照行业部分归类形成 ΔY_e 列向量。由此可得：

$$\Delta X = (I - A)^{-1}\Delta Y_e \tag{5.12}$$

式（5.12）称为需求拉动模型，可以定量的研究环保投资变化 ΔY_e 对各个行业总产出的影响 ΔX，这是利用投入产出模型分析环保投资经济贡献效应的核心原理。

产出直接和间接的增加会创造额外的收入并引发居民消费，消费的增加就是增加新的最终需求，从而创造新的产出和就业。这种影响叫作诱发影响。诱发带动考虑了消费和就业后的再次拉动，测算结果更加客观全面。为研究环保投资的真实效应，将矩阵 A 扩展，将投入产出表中的劳动者报酬作为新的一行，将居民消费作为新的一列。得到扩展的直接消耗系数矩阵：

$$A^* = \begin{bmatrix} A & H_e \\ H_r & h \end{bmatrix}$$

式中：H_r —— 各部门劳动报酬系数行向量；

H_e —— 居民对各部门产品和劳务的直接消耗系数列向量；

h —— 居民部门对居民部门的支付系数。

将式（5.10）中的 A 变换为 A^* 得到投入产出局部闭模型：

$$\Delta X = (I - A^*)^{-1}\Delta Y_e \tag{5.13}$$

各部门总产出 ΔX 的增加，会带来部门增加值、劳动者报酬、生产税净额等的增加，为进一步测算环保投资对 GDP、居民收入、税收等的影响，引入增加值系数 A_v、劳动者报酬系数 A_i、生产税净额系数 A_t，得到如下 3 个公式：

$$\Delta \mathrm{GDP} = A_v(I - A^*)^{-1}\Delta \mathrm{EI} \tag{5.14}$$

$$\Delta \mathrm{INC} = A_i(I - A^*)^{-1}\Delta \mathrm{EI} \tag{5.15}$$

$$\Delta \mathrm{TAX} = A_t(I - A^*)^{-1}\Delta \mathrm{EI} \tag{5.16}$$

5.3.2　数据处理

我国投入产出表的编制制度规定，逢 2、逢 7 年份编制基准年全国投入产出表，逢 0、逢 5 年份编制投入产出延长表。本研究以统计局公布的 2012 年投入产出表为基础，将原表中详列的 135 个部门根据《国民经济行业分类与代码》（GB/T 4754）的行业说明进行分类合并，最终形成包括 42 个部门的投入产出表，在此基础上得出直接消耗系数矩阵 A。

为了便于测算环保投资的经济贡献效应，将“十二五”期间各年环保投资统一转换为 2012 年不变价，并将城市环境基础设施投资中的污水处理及其再生利用、污泥处置和垃圾处理投资分别单列，以便区分环保投资和污染治理设施直接投资，测算结果如表 5-13 所示。

表 5-13　“十二五”期间环保投资情况（2012 年不变价）　单位：亿元

类型		2011 年	2012 年	2013 年	2014 年	2015 年	“十二五”合计
工业污染源治理投资	废水治理	138.8	140.3	140.8	141.5	138.9	700.3
	废气治理	254.9	257.7	258.5	259.8	255.1	1 286.0
	固体废物治理	24.5	24.8	24.8	24.9	24.5	123.5
	噪声治理	1.1	1.2	1.2	1.2	1.1	5.8
	其他	75.7	76.5	76.7	77.1	75.7	381.7
	小计	495.0	500.5	502.0	504.5	495.4	2 497.2
城市环境基础设施建设投资	燃气	545.8	551.8	553.5	556.2	546.2	2 753.5
	集中供热	789.4	798.1	800.5	804.5	790.0	3 982.5
	排水	923.9	934.1	936.9	941.6	924.6	4 661.2
	其中：污水处理及其再生利用、污泥处置	276.4	279.4	280.2	281.6	276.6	1 394.2
	园林绿化	2 354.1	2 380.0	2 387.1	2 399.1	2 355.9	11 876.2
	市容环境卫生	394.3	398.6	399.8	401.8	394.6	1 989.0
	其中：垃圾处理	109.7	110.9	111.2	111.8	109.8	553.4
	小计	5 007.5	5 062.6	5 077.8	5 103.2	5 011.3	25 262.4
建设项目“三同时”环保投资		2 661.1	2 690.4	2 698.5	2 712.0	2 663.1	13 425.1

5.3.3 实证分析

在现行环保投资统计中，其含义是形成固定资产的部分，在投入产出模型中，如何将投资转化为投入产出表中的纯部门投资将是计算的关键。根据《国民经济行业分类与代码》（GB/T 4754）的行业说明将环保投资中的工业污染源治理投资和城市环境基础设施建设投资按照投资细类进行行业划分，对于建设项目"三同时"环保投资按照环境基础设施的项目投资分类进行划分。

以下从环保投资和污染治理设施直接投资两个角度实证对国民经济总产出、增加值、居民收入、税收等方面的贡献效应。

（1）环保投资的经济贡献效应。依据式（5.13）至式（5.16）测算得出表 5-14，"十二五"期间环保投资总计 41 184.8 亿元（2012 年不变价），对国民经济总产出的贡献效应为 142 890.2 亿元，单位投资总产出拉动系数为 3.47，表明我国环保投资每增加 1 元将带动国民经济总产出增加 3.47 元；环保投资对 GDP 贡献效应为 47 967.9 亿元，单位投资 GDP 拉动系数为 1.16；环保投资对居民收入贡献效应为 21 857.1 亿元，单位投资居民收入拉动系数为 0.53；环保投资对税收贡献效应为 6 400.8 亿元，单位投资税收拉动系数为 0.16。

表 5-14 "十二五"环保投资的经济贡献效应实证结果

序号	类别	贡献量/亿元	单位贡献
1	总产出	142 890.2	3.47
2	GDP	47 967.9	1.16
3	居民收入	21 857.1	0.53
4	税收	6 400.8	0.16

分行业来看，"十二五"环保投资对总产出、GDP、居民收入和税收贡献效应排名前 5 的行业如表 5-15 至表 5-18 所示。对排名前 5 个行业的总产出贡献效应为 56 199.4 亿元，占总产出总贡献的 39.3%；GDP 贡献效应为 17 797.6 亿元，占 GDP 总贡献的 37.1%；居民收入贡献效应为 9 244.8 亿元，占居民收入总贡献的 42.3%；税收贡献效应为 2 879.9 亿元，占税收总贡献的 45.0%。42 个行业的经济贡献效应情况详见表 5-19。

表 5-15 “十二五”环保投资总产出贡献排名前五的行业情况

序号	行业名称	总产出贡献/亿元	占总贡献的比例/%
1	水利管理和公共设施管理业	14 937.8	10.5
2	通用及专用设备制造业	14 402.7	10.1
3	电力、热力生产和供应	11 465.0	8.0
4	金属冶炼及压延加工业	8 900.1	6.2
5	化学工业	6 493.8	4.5
合计		56 199.4	39.3

表 5-16 “十二五”环保投资 GDP 贡献排名前五的行业情况

序号	行业名称	GDP 贡献/亿元	占总贡献的比例/%
1	水利管理和公共设施管理业	6 170.6	12.9
2	金融业	3 099.7	6.5
3	通用及专用设备制造业	3 070.3	6.4
4	电力、热力生产和供应	2 955.9	6.2
5	水的生产和供应	2 501.1	5.2
合计		17 797.6	37.1

表 5-17 “十二五”环保投资居民收入贡献排名前五的行业情况

序号	行业名称	居民收入贡献/亿元	占总贡献的比例/%
1	水利管理和公共设施管理业	3 556.0	16.3
2	农林牧渔业	1 985.3	9.1
3	通用及专用设备制造业	1 436.8	6.6
4	水的生产和供应	1 244.9	5.7
5	煤炭采选产品	1 021.8	4.7
合计		9 244.8	42.3

表 5-18 “十二五”环保投资税收贡献排名前五的行业情况

序号	行业名称	税收贡献/亿元	占总贡献的比例/%
1	石油和天然气开采产品	736.5	11.5
2	批发和零售	731.5	11.4
3	通用及专用设备制造业	511.9	8.0
4	电力、热力生产和供应	482.7	7.5
5	煤炭采选产品	417.3	6.5
合计		2 879.9	45.0

表 5-19 “十二五”环保投资对国民经济各行业的经济贡献效应 单位：亿元

序号	行业类别	总产出	GDP	居民收入	税收
1	农林牧渔业	3 349.9	1 961.4	1 985.3	0.0
2	煤炭采选产品	4 076.2	2 009.3	1 021.8	417.3
3	石油和天然气开采产品	4 000.6	2 444.1	493.2	736.5
4	金属矿采选业	2 553.8	1 000.2	459.3	178.2
5	非金属矿采选产品	713.0	321.5	113.6	92.6
6	食品制造及烟草加工业	2 383.4	560.9	173.9	169.0
7	纺织及其制品业	1 870.9	374.8	191.6	50.1
8	木材加工及家具制造业	993.9	225.6	98.0	43.3
9	造纸印刷及文教体育用品制造业	1 793.4	426.7	202.4	69.4
10	石油加工、炼焦及核燃料加工业	3 734.0	694.4	138.6	380.9
11	化学工业	6 493.8	1 247.3	385.6	208.0
12	非金属矿物制品业	4 290.7	983.2	409.7	195.1
13	金属冶炼及压延加工业	8 900.1	1 604.2	500.3	257.4
14	金属制品	2 437.0	483.1	213.1	80.1
15	通用及专用设备制造业	14 402.7	3 070.3	1 436.8	511.9
16	交通运输设备制造业	2 227.9	443.0	199.0	78.4
17	电气机械及器材制造业	3 199.4	532.5	215.4	78.1
18	通信计算机及其他电子设备制造业	3 488.2	593.9	317.2	62.4
19	仪器仪表	1 233.9	278.5	127.1	33.9
20	其他制造产品	647.7	134.3	67.6	17.1
21	废弃资源和废旧材料回收加工品	917.3	709.4	33.4	12.6
22	金属制品、机械和设备修理服务	557.6	116.2	78.1	18.4
23	电力、热力生产和供应	11 465.0	2 955.9	848.3	482.7
24	燃气生产和供应	3 670.6	795.3	226.6	82.3
25	水的生产和供应	5 444.5	2 501.1	1 244.9	280.0
26	建筑业	3 888.5	1 032.5	630.1	143.7
27	批发和零售	3 236.6	2 235.2	663.8	731.5
28	交通运输及仓储业	3 946.3	1 447.7	675.5	47.9
29	邮政	570.3	261.6	206.8	4.1
30	住宿和餐饮业	1 431.9	585.2	391.6	52.7
31	信息传输、计算机服务和软件业	1 139.4	536.0	166.6	23.1
32	金融业	5 198.5	3 099.7	971.1	346.3
33	房地产	1 134.9	846.2	105.0	148.6
34	租赁和商务服务业	2 594.8	845.9	416.8	85.2

序号	行业类别	总产出	GDP	居民收入	税收
35	研究和试验发展业	715.6	278.7	148.5	8.2
36	综合技术服务业	2 724.8	987.9	536.2	76.1
37	水利管理和公共设施管理业	14 937.8	6 170.6	3 556.0	93.5
38	生态保护和环境治理	3 047.4	1 298.6	868.2	0.0
39	居民服务和其他服务业	1 665.4	864.0	583.4	73.9
40	教育卫生社会保障和社会福利业	586.9	345.9	294.1	2.3
41	文化、体育和娱乐业	707.2	356.4	193.9	28.2
42	公共管理和社会组织	518.5	308.7	268.6	0.3
合计		142 890.2	47 967.9	21 857.1	6 400.8

（2）污染治理设施直接投资的贡献效应。测算结果表明（表 5-20），“十二五”期间污染治理设施直接投资总计 17 869.9 亿元（2012 年不变价），对国民经济总产出贡献效应为 60 102.1 亿元，单位投资总产出拉动系数为 3.36，表明我国污染治理设施直接投资每增加 1 元将带动国民经济总产出增加 3.36 元；污染治理设施直接投资对 GDP 的贡献效应为 17 831.1 亿元，单位投资 GDP 拉动系数为 1.00；污染治理设施直接投资对居民收入贡献效应为 7 966.2 亿元，单位投资居民收入拉动系数为 0.45；污染治理设施直接投资对税收贡献效应为 2 642.8 亿元，单位投资税收拉动系数为 0.15。

表 5-20 “十二五”污染治理设施直接投资的经济贡献效应实证结果

序号	类别	贡献量/亿元	单位贡献
1	总产出	60 102.1	3.36
2	GDP	17 831.1	1.00
3	居民收入	7 966.2	0.45
4	税收	2 642.8	0.15

分行业来看，“十二五”污染治理设施直接投资对总产出、GDP、居民收入和税收贡献效应排名前 5 的行业如表 5-21 至表 5-24 所示。对排名前 5 个行业的总产出贡献效应为 27 899.7 亿元，占总产出总贡献的 46.4%；GDP 贡献效应为 7 170.4 亿元，占 GDP 总贡献的 40.2%；居民收入贡献效应为 3 418.1 亿元，占居民收入总贡献的 42.9%；税收贡献效应为 1 312.9 亿元，占税收总贡献的 49.7%。42 个行

业的经济贡献效应情况详见表 5-25。

表 5-21 "十二五"污染治理设施直接投资总产出贡献排名前五的行业情况

序号	行业名称	总产出贡献/亿元	占总贡献的比例/%
1	通用及专用设备制造业	13 016.1	21.7
2	金属冶炼及压延加工业	6 418.2	10.7
3	建筑业	2 981.7	5.0
4	化学工业	2 924.1	4.9
5	生态保护和环境治理	2 559.7	4.3
合计		27 899.7	46.4

表 5-22 "十二五"污染治理设施直接投资 GDP 贡献排名前五的行业情况

序号	行业名称	GDP 贡献/亿元	占总贡献的比例/%
1	通用及专用设备制造业	2 774.7	15.6
2	金属冶炼及压延加工业	1 156.9	6.5
3	金融业	1 132.3	6.4
4	生态保护和环境治理	1 090.8	6.1
5	批发和零售	1 015.8	5.7
合计		7 170.4	40.2

表 5-23 "十二五"污染治理设施直接投资居民收入贡献排名前五的行业情况

序号	行业名称	居民收入贡献/亿元	占总贡献的比例/%
1	通用及专用设备制造业	1 298.5	16.3
2	生态保护和环境治理	729.3	9.2
3	农林牧渔业	512.5	6.4
4	建筑业	483.2	6.1
5	综合技术服务业	394.6	5.0
合计		3 418.1	42.9

表 5-24 “十二五”污染治理设施直接投资税收贡献排名前五的行业情况

序号	行业名称	税收贡献/亿元	占总贡献的比例/%
1	通用及专用设备制造业	462.6	17.5
2	批发和零售	332.4	12.6
3	金属冶炼及压延加工业	185.6	7.0
4	石油和天然气开采产品	177.4	6.7
5	石油加工、炼焦及核燃料加工业	154.8	5.9
合计		1 312.9	49.7

表 5-25 “十二五”污染治理设施直接投资对国民经济各行业的经济贡献效应 单位：亿元

序号	行业类别	总产出	GDP	居民收入	税收
1	农林牧渔业	864.7	506.3	512.5	0.0
2	煤炭采选产品	1 095.5	540.0	274.6	112.2
3	石油和天然气开采产品	963.7	588.7	118.8	177.4
4	金属矿采选业	1 364.8	534.6	245.5	95.2
5	非金属矿采选产品	163.0	73.5	26.0	21.2
6	食品制造及烟草加工业	850.3	200.1	62.0	60.3
7	纺织及其制品业	659.4	132.1	67.5	17.7
8	木材加工及家具制造业	335.4	76.1	33.1	14.6
9	造纸印刷及文教体育用品制造业	619.6	147.4	69.9	24.0
10	石油加工、炼焦及核燃料加工业	1 517.7	282.3	56.3	154.8
11	化学工业	2 924.1	561.7	173.6	93.6
12	非金属矿物制品业	2 323.9	532.5	221.9	105.7
13	金属冶炼及压延加工业	6 418.2	1 156.9	360.8	185.6
14	金属制品	1 365.7	270.7	119.4	44.9
15	通用及专用设备制造业	13 016.1	2 774.7	1 298.5	462.6
16	交通运输设备制造业	859.6	170.9	76.8	30.2
17	电气机械及器材制造业	1 619.3	269.5	109.0	39.5
18	通信计算机及其他电子设备制造业	2 192.1	373.2	199.4	39.2
19	仪器仪表	385.3	87.0	39.7	10.6
20	其他制造产品	68.8	14.3	7.2	1.8
21	废弃资源和废旧材料回收加工品	346.3	267.8	12.6	4.7

序号	行业类别	总产出	GDP	居民收入	税收
22	金属制品、机械和设备修理服务	49.5	10.3	6.9	1.6
23	电力、热力生产和供应	2 307.1	594.8	170.7	97.1
24	燃气生产和供应	53.6	11.6	3.3	1.2
25	水的生产和供应	1 496.1	687.3	342.1	76.9
26	建筑业	2 981.7	791.7	483.2	110.2
27	批发和零售	1 470.9	1 015.8	301.7	332.4
28	交通运输及仓储业	1 754.7	643.7	300.4	21.3
29	邮政	54.4	25.0	19.7	0.4
30	住宿和餐饮业	472.6	193.1	129.2	17.4
31	信息传输、计算机服务和软件业	279.1	131.3	40.8	5.6
32	金融业	1 899.0	1 132.3	354.7	126.5
33	房地产	294.7	219.8	27.3	38.6
34	租赁和商务服务业	1 012.4	330.0	162.6	33.2
35	研究和试验发展业	168.0	65.4	34.9	1.9
36	综合技术服务业	2 005.5	727.1	394.6	56.0
37	水利管理和公共设施管理业	693.2	286.4	165.0	4.3
38	生态保护和环境治理	2 559.7	1 090.8	729.3	0.0
39	居民服务和其他服务业	394.5	204.7	138.2	17.5
40	教育卫生社会保障和社会福利业	57.1	33.6	28.6	0.2
41	文化、体育和娱乐业	111.6	56.2	30.6	4.5
42	公共管理和社会组织	33.2	19.7	17.2	0.0
合计		60 102.1	17 831.1	7 966.2	2 642.8

第 6 章 "十二五"环保投资存在的问题及原因分析

"十二五"期间，环保投资在总量、结构、效率等方面虽有了较大改善，但与当前严峻的环境形势和环境质量改善任务的需求相比，仍存在一些突出问题。

6.1 投资总量不足

6.1.1 投资总量不足的体现

对资金有巨大需求是由严峻的环境形势和环境保护目标所决定的，我国目前仍处于人均 GDP 较低的发展阶段，但已经出现较严重的工业污染、生活污染、农业面源污染、生态系统功能失衡等组成的复合型环境问题。"十二五"期间，环保投资总量严重不足，具体体现为以下几个方面：

（1）环保投资占 GDP 的比例偏低，距离环境质量改善所需比例差距较大。据国际经验，当治理环境污染的投资占 GDP 的比例达到 1%～1.5%时，可以控制环境污染恶化的趋势；当该比例达到 2%～3%时，环境质量可有所改善（世界银行，1997）。发达国家在 20 世纪 70 年代环保投资已经占到 GNP 的 1%～2%，其中美国为 2%，日本为 2%～3%，德国为 2.1%。"十二五"期间，我国环保支出（含污染治理设施直接投资和运行费用）占 GDP 的比例平均值为 1.13%，比基本越过治污高峰的欧盟 28 国平均水平（2.15%）还少 1.02 个百分点。我国污染治理设施直接投资占全社会固定资产投资的比例平均值为 0.9%，比欧盟成员国平均值少 2.9 个百分点。我国工业污染防治投资占工业固定资产总投资的比例平均值为 2.57%，比国际经验值少 2.47～4.47 个百分点。2013 年我国环保支出占 GDP 的比例为 1.21%，比人均 GDP 大致类似的波兰同期（2004 年）占比低 1.39 个百分点，污染治理设施直接投资占全社会固定资产投资的比例比波兰同期低 3.26 个百分点。

（2）政府环保投入是多元化环保投融资格局的重要组成部分，但投入力度较低。随着财税体制改革和环保投融资体制改革的深化以及环境保护市场化的逐步推进，近年来中国逐步形成了一个由多元化投资主体和各种渠道及手段组成的环保投融资格局。多元投资主体包括政府、污染企业和社会资本等盈利机构；多种渠道和手段包括公共预算、排污费等环境收费、国债、政府借贷、企业自有资金、金融机构环保投入以及社会资本等。其中政府资金投入是环保投入的重要组成部分，但从政府实际投资与投资需求比较来看，“十二五”期间，八大重点工程中央政府投资需求约 5 000 亿元，而实际投资较需求少 2 117.3 亿元。

（3）经济快速增长积累起来的社会资金环保投入力度较弱。当前国内环境治理产业按照治理对象不同，可大体分为涉水环境服务（城镇污水、河湖湿地以及海洋海岸污染治理等）、固废处置服务（生活垃圾、危险废弃物等）、大气治理服务（自然空气环境修复、工业烟气治理）、土壤修复（复垦）服务（土壤污染修复、荒漠复垦等），其中，市政污水、垃圾处理领域由于建立了明确的收费机制，社会资金投入积极性较高，但其他领域社会资本投入力度较弱。

6.1.2 投资总量不足的原因

尽管导致环保投入总量不足的因素较多，但总结起来，环保投资统计口径宽泛导致“虚火太盛”、缺乏常态化的政府环保投入机制、缺乏投资需求与供给的联动机制、缺乏社会资本环保投入盈利机制是其主要原因。

（1）环保投资统计口径宽泛，“虚火”太盛。由于“环保投资”概念内涵不明晰，存在多个投资口径，一些地方在统计环保投资时，将环保设施的运行费用、生态保护和建设投入、环境管理能力建设和环境管理服务费，以及具有环境效益的项目投资和清洁生产、环境保护友好产品生产项目建设的投入等都纳入环保投资口径，导致环保投资“虚高”。比如，按照国际通行做法，燃气、集中供热、园林绿化等环境受益活动，不符合环境投资统计的主要目的原则，其投资在欧盟等发达国家均不计入环保投资，但在我国这些投资也纳入了环保投资的范畴，将与环境污染治理无关的投资剔除后，“十二五”环保投资中仅有一半用于污染治理设施直接投资。

（2）缺乏常态化的政府环保投入机制。①还没有建立起有利于财政投资稳定增长的政策法规体系。尽管我国已经围绕公共财政体制的建立进行了多年改革，但目前还没有建立起有利于财政环保投资稳定增长的政策法规体系以确保政府对环保的刚性投入、提高财政投资的效率和效益。②稳定的常态化的政府环保投入渠道匮乏，原有的 8 条环保投融资渠道中，老企业更新改造投资 7%和企业综合利用利润（5 年内不上交）留成用于污染源治理已失去实际意义；随转移支付政策改革和调整，环保专项资金将受到较大冲击，环境保护费改税后，排污费用于污染治理的渠道也将丧失。除基本建设项目“三同时”环境保护资金以外，传统稳定、硬性的政府环保投资渠道在萎缩、失效，同时新的稳定的政府环保投入渠道尚未建立。

（3）缺乏社会资本环保投入盈利机制。环境公共服务和产品主要以政府供给为主，社会资本投入较少。其主要原因之一就在于环境保护项目普遍缺乏收费机制，资金投入的回报机制与渠道不健全，大部分不具有稳定的现金流。比如，在农村环境污染治理中，农村生活污水、生活垃圾处理收费机制还很不完善，目前仅处于试点示范阶段。除少数安装自来水的地区能够进行较低标准的污水处理收费以外，受经济和技术手段限制，其他未安装自来水的地区尚无法开展收费工作。农村生活垃圾处置领域基本没有建立起收费机制。

6.2 投资效率不高

6.2.1 投资效率不高的体现

尽管在严格监管、在线监控、第三方运营等因素下，我国现有存量治污设施运行效率总体有所提高，但总体而言，我国环保投资效率不高现象较为普遍，突出表现在城镇和农村环境污染治理设施、工业污染治理设施的建设和运营管理的效率不高，特别是设施不能正常运行或未达到设计的预期效率和效果。

6.2.2 投资效率不高的原因

造成我国环保投资效率不高的主要原因可归结为以下几个方面：

（1）我国环境污染治理基础设施重建设轻运营。长期以来，中央财政环保资金投入力度不足，“以奖促治”支持主要用于污染治理设施建设，后期运行费用没有来源。对于地方政府而言，地方财税收入不稳定，财政负担较重，“政府没有足够的资金建设设施，建成了又没有充足的资金来维持设施正常运行”的现象较为普遍，造成了不少环境污染治理设施的闲置和浪费；同时，由于运营体制与机制的原因，不少运行中的设施，并未发挥出所设计的处理能力、效率和质量。

（2）政府投资环境污染治理项目绩效考评机制缺位或尚未充分发挥作用。建立合理有效的绩效考评机制是保障政府环保投入资金使用效率和效益的重要保障，尽管我国在政府环保投资项目绩效评价方面做了一些有益探索，但绩效考评机制仍显缺位或尚未充分发挥其应有作用。目前绩效考评机制正处于完善过程中，也没有具体的奖惩办法，项目考核与财务考核的内容缺乏关联度，容易造成考评结果不尽一致。奖惩措施不严格，不能调动人员主动性，也不能对未及时完成绩效目标者形成压力。

（3）财政资金使用与绩效挂钩机制不健全。为提升政府环保资金使用效率和效益，对于实施绩效良好的项目，财政专项资金或基金应予以优先支持，对于已获支持但实施绩效不理想的项目，应酌情采取暂停支持、追回资金等惩罚措施，但目前我国环保财政资金的使用尚未充分与绩效挂钩，财政资金使用绩效与资金分配、后续资金的拨付之间的联动机制尚不完善。

（4）缺乏社会资本参与市场竞争机制。缺乏民营企业等社会资本参与市场竞争机制是造成环境污染治理设施建设和运行效率较低的重要原因之一。在城市环境基础设施领域，长期以来，我国采用的是政府投资建设、事业单位管理运营设施的模式，这种政府垄断模式从制度上排挤竞争，缺乏效率。

6.3 投资结构不均衡

6.3.1 投资结构不均衡的体现

“十二五”期间，结构不均衡也是我国环保投资存在的突出问题之一，重点表现在 3 个方面：

（1）从要素上看，水、气实际投资与需求预测相差不大，但其他领域投资明显不足。“十二五”期间，尤其随着气十条和水十条的实施，投资的重点相对聚焦。水、大气污染防治领域重点工程总投资需求分别约为 6 336.81 亿元和 3 616.74 亿元。全社会实际水污染防治和大气污染防治领域投资约为 6 422.3 亿元和 5 300.4 亿元，较好地保障了水气重点工程投入，其中大气污染防治投资实际完成情况基本接近或达到规划要求。然而除水、大气污染防治领域外，固体废物治理、核与辐射安全保障、环境监管能力建设、土壤污染治理、生态环境保护、重金属污染防治、农村环境保护等领域重大工程项目，无论总投资还是中央政府投资，实际投资远低于规划投资需求，存在巨大资金缺口。以固体废物治理为例，全社会投资需求约为 5 900 亿元，实际环保投资仅为 888.0 亿元左右。

（2）从构成上看，污染源治理投资偏低。由于较高比例的环境受益活动拉高了环保投资总量，造成环保投资口径虚化，掩盖了环保投资总量不足的严峻现实。为真实反映我国环保投资情况，国家环境统计报表制度自 2012 年起开始统计污染治理设施直接投资。据统计，“十二五”期间，我国污染治理设施直接投资 20 637.57 亿元，较 3.4 万亿元的全社会环保投资需求少 13 362.43 亿元。

（3）从供需上看，需求与实际投资方向不匹配。按照“十二五”期间重点工程分要素投资需求比例，计算该期间 3.4 万亿元全社会环保投资分要素投资需求，其中，水污染防治领域投资需求 1.36 万亿元，大气污染防治领域投资需求 0.78 万亿元，固体废物领域投资需求 0.59 万亿元；其他领域投资需求 0.67 万亿元。就实际投资情况来看，水污染防治全社会投资总额 6 422.3 亿元，比水污染防治投资需求（1.36 万亿元）少 52.4%；大气污染防治全社会投资总额 5 300.4 亿元，比大气污染防治投资需求（0.78 万亿元）少 32.0%；固废污染防治全社会投资总额 888.0 亿元，比固废污染防治投资需求（0.59 万亿元）少 85.0%。

6.3.2 投资结构不均衡的原因

引起“十二五”期间环保投资结构不均衡的原因主要有以下 3 个方面：

（1）“十二五”期间对水、气污染防治约束性指标考核要求严格，使得环保资金投入向水、气要素倾斜。《国家环境保护“十二五”规划》提出到 2015 年，主要污染物排放总量显著减少：COD 排放总量比 2010 年降低 8%、氨氮排放总量比 2010 年降低 10%、SO_2 排放总量比 2010 年降低 8%、NO_x 比 2010 年降低 10%，并加强了四项主要污染物约束性指标的考核力度，政策导向使得环保投资向水、气要素倾斜。

（2）环保资金使用与规划存在偏差，资金更多投向污水垃圾等有明确收费机制与补贴机制的领域。由于政府环保资金没有充分发挥引导作用，加之环境保护项目公益性强，投资回报机制匮乏，导致金融、民间资本更多地投向污水、垃圾处理等具有收费机制与补贴机制的领域，与规划投资方向产生了偏差。

（3）缺乏投资需求与供给的联动机制。在政府环保投入渠道有限、污染企业商业融资手段有限、民间资本等社会投资主体环保投入积极性不高的情形下，环保投资总量难以有效扩大。在环保投资总量约束条件下，资金供给与系统的环境保护项目需求之间应建立起投资需求与投资供给的联动机制。

6.4 政府投资引导性不强

“十二五”期间，环保投资总量不足、效率不高、投资结构不均衡等问题的根源之一，就在于政府环保投资引导性较弱。其产生的主要原因有以下 3 个方面：

（1）提高财政资金引导性的政策未落实。国务院《关于创新重点领域投融资机制鼓励社会投资的指导意见》（国发〔2014〕60 号）提出：“在公共服务、资源环境、生态保护、基础设施等领域，积极推广 PPP 模式，规范选择项目合作伙伴，引入社会资本，增强公共产品供给能力。”财政部、环境保护部《关于推进水污染防治领域政府和社会资本合作（PPP）的实施意见》（财建〔2015〕90 号）强调：“地方各级政府部门要统筹运用水污染防治专项等相关资金，优化调整使用方向，逐步从补建设向补运营、前补助向后奖励转变。”但对政策文件的落实并不到位。

（2）政府投资使用方式以无偿补助为主，引导功能不强。环保领域内政府投资方式主要有 5 种，即财政拨款、财政资本金注入、财政补助（如财政补贴、基金补助、研发委托费等）、政策性金融（如低息贷款、贴息及贷款担保等）和税收优惠（如特别折旧、进口设备税收减免、所得税减免、税前扣除研发费用等），其中财政拨款、财政补助、贷款贴息、税收优惠等投资方式通常体现为无偿性投资。比如，作为政府环保投资的重要渠道之一的环保专项资金，其使用方式多为无偿补助。无偿性投资使用方式难以有效引导社会资本流向，其吸引金融、民间等资本投入环保领域的功能不能有效发挥。

（3）地方政府配套不足。环保专项资金项目一般要求中央、地方主管部门及其他有关单位按一定比例筹集，但是，地方政府受财力或时间等因素的制约，难以按时、足额配套到位。财政项目又因审批时间、程序等原因，往往年底做的预算要到第二年 3 月、4 月才能批复使用，批复时间较晚，资金拨付时间延后。另外，一些必须及时调整的项目内容和资金额度，也因审批程序原因造成滞后和延误。

6.5 项目实施基础薄弱

“十二五”期间，环保项目实施基础薄弱也是环保投资领域突出问题之一，重点体现在：

（1）缺乏环保项目储备。环保项目是推进环保工作、改善环境质量的重要抓手，但“十二五”期间环保部门项目储备不足显得较为突出，往往不是“用项目申请资金”，而是“拿到钱后才开始谋划项目”，影响了环保项目投资效率和使用效益。

（2）项目质量不高、落地性不强。项目计划的确定是一个复杂的过程，要经过谋划、论证、储备、立项、审批等多个环节，需要充足的时间和扎实的工作，但环保部门项目前期准备工作明显不足、把关不严、缺乏统筹安排，导致申报的项目质量不高、项目材料不翔实、落地性不强。

（3）环保部门谋划项目的主动性不强。项目是投资的载体，工作的抓手，但由于基层环保部门对谋划项目可能面临的资金、用地等难题存在畏难应付，且习惯于坐等发改等项目主管部门分派项目，对谋划项目工作主动性不高，缺乏责任感和使命感。

产生上述问题的原因主要有两个方面：①基层环保部门项目管理和资金管理能力不足，基本没有专职机构和专职人员，人员经验和能力有限，主要从事事务性和表面工作，难以对项目有真正深入的了解，环保系统管理项目的能力总体还处于初级水平；②中央财政环保资金的使用尚未建立起绩效分配机制，难以有效调动地方环保部门提前谋划、统筹谋划环保项目的积极性。

第7章 "十三五"环保投资宏观预测与优化建议

"十二五"期间尽管环保投资规模不断增加，但与正在实施的三大行动计划所需的资金需求仍有很大差距，"十三五"时期以构建绿色财政支出制度、绿色金融体系、社会资本投资回报机制等为重点，在提高环保投资保障水平和使用效率的同时，推进经济绿色发展。

7.1 "十三五"环保投资需求宏观预测

通常认为，预测就是对未来的研究，是根据历史资料与现状，通过定性和定量的科学计量方法，来分析、预想和推测未来的发展趋势、方向、可能的状态，寻求事物发展的规律，为今后制定规划、决策和管理服务。本节基于历史环保投资资料和适用的宏观预测模型，对于"十三五"期间的环保投资需求进行预测，为环境决策提供相关依据。

7.1.1 宏观预测模型

7.1.1.1 灰色预测模型

灰色系统（Grey System）理论是我国学者邓聚龙教授于20世纪80年代初创立的一种兼备软硬科学特性的新理论。该理论将信息完全明确的系统定义为白色系统，将信息完全不明确的系统定义为黑色系统，将信息部分明确、部分不明确的系统定义为灰色系统。灰色预测预报不是把观测到的数据序列视为一个随机过程，而是看作随时间变化的灰色量和灰色过程，通过累加生成和累减生成，逐步使灰色量白化，从而建立相应于微分方程解的模型并作出预测、预报。应用灰色GM（1，1）模型可以对数据进行处理和预测，灰色预测系统使用的数据量可多可少，数据可以是线性的，也可以是非线性的，因此它和线性回归预测模型相比，优点是可以处理非线性问题，和模糊预测模型相比，优点是所使用的数据量很少，而且可随时对模型进行修正以提高其预测精度。

GM（1，1）模型是目前使用最广泛的预测一个变量、一阶微分方程的预测模型，模型建立步骤如下：

步骤 1：构造模型

（1）记原始数列 $X^{(0)}$ 为：$x^{(0)}=\left\{x^{(0)}(1),x^{(0)}(2),\cdots,x^{(0)}(n)\right\}$，通过一阶累加生成新序列 $X^{(1)}$：$x^{(1)}=\left\{x^{(1)}(1),x^{(1)}(2),\cdots,x^{(1)}(n)\right\}$，其中，$x^{(1)}(k)=\sum_{j=1}^{k}x^{(0)}(j)$。

（2）对 $X^{(0)}$ 作光滑性检验，令 $p(k)=\dfrac{x^{(0)}(k)}{x^{(1)}(k-1)}$，当 $k>3$ 时，如果 $p(k)<0.5$，则满足光滑性检验。

（3）检验 $X^{(1)}$ 是否具有指数规律，令 $\sigma^{(1)}(k)=\dfrac{x^{(1)}(k)}{x^{(1)}(k-1)}$，当 $k>3$ 时，如果 $1<\sigma^{(1)}(k)<1.5$，则满足指数规律，可以对 $X^{(1)}$ 建立 GM（1，1）模型。

（4）令 $Z^{(1)}(k)$ 为 $X^{(1)}(k)$ 的紧邻均值生成序列，其中 $Z^{(1)}(k)=\left\{z^{(1)}(2),z^{(1)}(3),\cdots,z^{(1)}(n)\right\}$，$z^{(1)}(i)=\frac{1}{2}\left[x^{(1)}(i-1)+x^{(1)}(i)\right]$，则 GM（1，1）的灰微分方程模型为：

$$X^{(0)}(k)+aZ^{(1)}(k)=u \tag{7.1}$$

式中：a—— 发展系数；

u—— 内生控制灰数。

（5）$X^{(0)}(k)+aZ^{(1)}(k)=u$ 的白化形式的微分方程表示为：

$$\frac{\mathrm{d}Z^{(1)}(t)}{\mathrm{d}t}+aX^{(1)}(t)=u \tag{7.2}$$

对灰微分方程求解，得到其离散通解为

$$\hat{x}^{(1)}(k+1)=-\frac{C}{a}\mathrm{e}^{-ak}+\frac{u}{a} \tag{7.3}$$

式中，C 为积分常数，需要通过一个边界条件来确定。在目前所采用的预测模型中，都是假定

$$x^{(1)}(1)=x^{(0)}(1) \tag{7.4}$$

式（7.3）在式（7.4）条件下的特解为：

$$\hat{x}^{(1)}(k+1)=\left[x^{(0)}(1)-\frac{u}{a}\right]\mathrm{e}^{-ak}+\frac{u}{a}\text{，}k=1\text{，}2\text{，}\cdots\text{，}n \tag{7.5}$$

式（7.5）即为式（7.2）的定解。

（6）参数估计，记 $\hat{a}=(a,u)^T$ ，则其估计值可由 $\hat{a}=[a,u]^T=(B^TB)^{-1}B^Ty$ 计算，式中 B 以及 y 用式（7.6）计算。

$$\begin{bmatrix} -\frac{1}{2}\left[X^{(1)}(1)+X^{(1)}(2)\right] & 1 \\ -\frac{1}{2}\left[X^{(1)}(2)+X^{(1)}(3)\right] & 1 \\ \cdots & \cdots \\ -\frac{1}{2}\left[X^{(1)}(n-1)+X^{(1)}(n)\right] & 1 \end{bmatrix} \begin{bmatrix} X^{(0)}(2) \\ X^{(0)}(3) \\ \cdots \\ X^{(0)}(n) \end{bmatrix} \tag{7.6}$$

（7）预测方程。

$$\hat{X}^{(1)}(k+1)=\left[X^{(1)}(1)-\frac{u}{a}\right]\mathrm{e}^{-ak}+\frac{u}{a}\text{，}k=1\text{，}2\text{，}\cdots\text{，}n \tag{7.7}$$

根据该式推算出原序列：

$$\hat{X}^{(0)}(k+1)=\hat{X}^{(1)}(k+1)-\hat{X}^{(1)}(k)\text{，}k=1\text{，}2\text{，}\cdots\text{，}n \tag{7.8}$$

步骤 2：绝对误差与相对误差检验。绝对误差序列：$\varepsilon^{(0)}(i)=x^{(0)}(i)-\hat{x}^{(0)}(i)$，（$i$=1，2，…，$n$）；相对误差序列：$\varphi_i=\frac{\varepsilon^{(0)}(i)}{x^{(0)}(i)}$，（$i$=1，2，…，$n$）；平均相对残差：

$\bar{\phi}=\frac{1}{n}\sum_{i=1}^{n}\varphi_i$，其中，相对误差越小，模型精度越高。

步骤 3：模型预测。

7.1.1.2 时间序列 ARMA 预测模型

时间序列分析（times series analysis）是一种动态数据处理的统计方法。该方法基于随机过程理论和数理统计学方法，研究随机数据序列所遵从的统计规律，用以解决民生发展的实际问题。其包括一般统计分析（如自相关分析、谱分析等）、统计模型的建立与推断，以及关于时间序列的最优预测、控制与滤波等内容。

ARMA 模型的全称是自回归滑动平均（auto regression moving average）模型，它是目前最常用的拟合平稳序列的模型。建模的基本思路是：时间序列$\{x_t\}$为当前与前期的误差和随机项，以及前期值的线性函数，ARMA 模型可以近似表示为：

$$x_t=\alpha_1 x_{t-1}+\alpha_2 x_{t-2}+\cdots+\alpha_p x_{t-p}+U_t-\theta_1 U_{t-1}-\theta_2 U_{t-2}-\cdots-\theta_q U_{t-q} \tag{7.9}$$

式中：U_t是独立同分布的随机变量序列，则称时间序列$\{x_t\}$服从（p，q）阶自回归移动平均模型，记为 ARMA（p，q）。p 为自回归系数，q 为移动平均系数。模型的建模步骤如表 7-1 及图 7-1 所示。

表 7-1 ARMA 模型建模步骤

序号	步骤名称	详细内容
1	序列的平稳性进行识别	根据时间序列的散点图、自相关函数和偏自相关函数图以 ADF 单位根检验其方差、趋势及其季节性变化规律，对序列的平稳性进行识别
2	平稳化处理	如果数据序列是非平稳的，并存在一定的增长或下降趋势，则需要对数据进行差分处理。如果数据存在异方差，则需对数据进行技术处理，直到处理后的数据的自相关函数值和偏相关函数值无显著地异于零
3	模型建立	若平稳序列的偏自相关函数是截尾的，而自相关函数是拖尾的，可断定序列适合 AR 模型；若平稳序列的偏自相关函数是拖尾的，而自相关函数是截尾的，则可断定序列适合 MA 模型；若平稳序列的偏自相关函数和自相关函数均是拖尾的，则序列适合 ARMA 模型
4	参数估计	检验是否具有统计意义
5	假设检验	诊断残差序列是否为白噪声
6	预测分析	利用已通过检验的模型进行预测分析

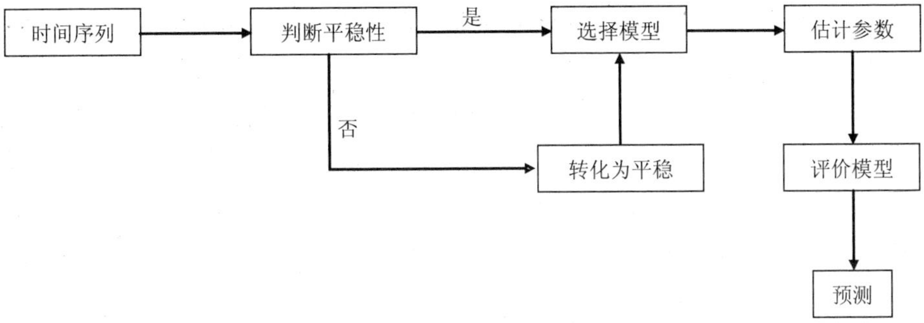

图 7-1 ARMA 模型的预测程序

7.1.1.3 多元线性回归模型

从分析被预测变量和与它相关的解释变量之间的因果关系出发，然后建立回归分析模型，这种预测对象未来发展趋势的定量方法就是回归分析法。方法的重点是：确定预测变量与解释变量之间是否存在相关关系，选择适当的数学模型，估计参数，检验回归方程的显著性。目前最常用的回归模型主要有一元线性回归、一元非线性回归、多元线性回归、多元非线性回归等。

以多元线性回归模型为例，其模型基本内容为：设所研究的对象受多个因素 x_1，x_2，…，x_m 的影响，假定各个影响因素与 y 的关系是线性的，这时就需要建立多元线性回归模型：

$$y=b_1x_1+b_2x_2+\cdots+b_mx_m \tag{7.10}$$

基于历史数据，进行参数估计，即可得到具体的模型公式。

7.1.1.4 模型比较

与其他宏观预测模型相比，以上 3 种预测方法的特点主要体现在：

灰色预测模型 GM（1，1）进行预测较之其他常规预测法有以下显著特点：①进行预测所需原始数据量小，预测精度较高，无须像其他预测法要么需要数据量大且规律性强，要么需要凭经验给出系数；②理论性强，计算方便，借助计算机及其程序设计语言或相关软件间接计算，使得数据处理简便、快速、准确性好；

③采用对系统的行为特征数据进行生成的方法，对杂乱无章的系统的行为特征数据进行处理，从杂乱无章的现象中发现系统的内在规律。

时间序列模型是一种重要的预测模型，其预测模型都比较简单，它对资料的要求比较单一，只需要本身的历史数据，因此，在实际情况中有着广泛的适用性。时间序列预测一般反映 3 种实际变化规律：趋势变化、周期性变化、随机性变化。例如，根据某一地区在连续时段内，各个产业的生产值的变化，来相应的判断其经济发展状况，并根据其状况进行经济预测，有效地作相应产业调整。

多元线性回归分析的优点是可以根据一系列不同的相关变量进行预测。在工农业生产及科学研究中有着非常广泛的应用。不足之处是除了被预测变量，需要其他相关变量的数据，并且要确定因变量与自变量之间的函数形式。

3 种方法对于短期预测基本上都有较好的效果，长期预测误差会增大。但是，灰色系统模型 GM（1，1）要求序列近似符合指数函数规律才会有较好的预测效果；时间序列模型中，不论是平稳序列构建 ARMA 模型，还是非平稳序列构建 ARIMA 模型，都要求较大的样本量才会有较好的预测效果。

表 7-2　预测方法比较

方案	数据要求	预测精度		适用范围
		短期	中长期	
灰色预测模型	若干年份，样本数量要求小	精度较高	精度低	适用于短期、中期、长期预测
时间序列预测模型	样本数量要求大	精度较高	精度较低	2～5 个时期的预测
多元线性回归模型	样本数量要求大	精度较高	精度较低	2～5 个时期的预测

基于以上 3 个模型，利用现有的环保投资数据来预测“十三五”期间我国环保投资的规模情况。

7.1.2 “十三五”期间环保投资预测

7.1.2.1 基于灰色模型的环保投资需求预测

基于我国 2007—2015 年的环保投资情况建立 GM（1，1）模型对“十三五”时期各年的环保投资总额进行预测。

（1）对原序列作准光滑性检验，数值如表 7-3 所示。

表 7-3 原序列光滑检验值

k	1	2	3	4	5	6	7	8
$p(k)$	—	1.33	0.57	0.45	0.32	0.33	0.27	0.23

当 $k>3$ 时，$p(k)<0.5$，满足准光滑性检验，符合检验条件。

（2）检验生成序列 $X^{(1)}$是否具有指数规律，检验值如表 7-4 所示。

表 7-4 生成序列指数规律检验值

k	1	2	3	4	5	6	7	8
$p(k)$	—	2.33	1.57	1.45	1.32	1.33	1.27	1.231

当 $k>3$，$1<\sigma^{(1)}(k)<1.5$，满足指数规律，可以建立 GM（1，1）模型。

（3）建立模型。

用 MATLAB 程序运算，得参数估计值为：$a'=[-0.132\,376\,4]$，则所建立的 GM（1，1）模拟精度（表 7-5），其预测模型为：

$$X^{(1)}(k+1)=31\,902.8\mathrm{e}^{0.132k}-28\,515$$

表 7-5　GM（1，1）模拟精度表

年份	实际数据/亿元	模拟数据/亿元	相对误差/%
2007	3 387.6	3 387.6	—
2008	4 490.3	4 501.7	0.3
2009	4 525.2	5 137.0	13.5
2010	6 654.2	5 861.8	−11.9
2011	6 026.2	6 689.0	11.0
2012	8 253.6	7 632.9	−7.5
2013	9 037.2	8 709.9	−3.6
2014	9 583.3	9 939.0	3.7
平均相对残差			6.46

（4）模型检验。通过对模型进行残差检验，得平均相对残差大小为 6.46%，模型基本合格；以此对 2016—2015 年的环保投资总额进行预测，结果见表 7-6。

表 7-6　GM（1，1）模型预测结果　　单位：亿元

年份	2016	2017	2018	2019	2020	“十三五”合计
预测值	12 941.8	14 768.0	16 851.9	19 229.9	21 943.4	85 375

7.1.2.2　基于时间序列 ARMA（*p*，*q*）的环保投资需求预测

根据 1986—2015 年环保投资的时间序列数据建立环保投资总额的 ARMA 模型。用前 27 个数据参与建模，并用后 3 年的数据检验拟合效果，最后对我国“十三五”环保投资进行预测。

（1）对时间序列观察并进行平稳化处理。对 1986—2012 年的环保投资（EI）数据进行平稳性检验，其变化曲线如图 7-2 所示。环保投资总量呈指数变化，增长势头强劲，是明显的非平稳时间序列。因此，需要进行平稳化处理，对于含有指数趋势的时间序列，须先通过取对数将时间序列的指数趋势转化为线性趋势，再用差分法进行处理。一般来讲，一阶差分可以消除线性趋势。

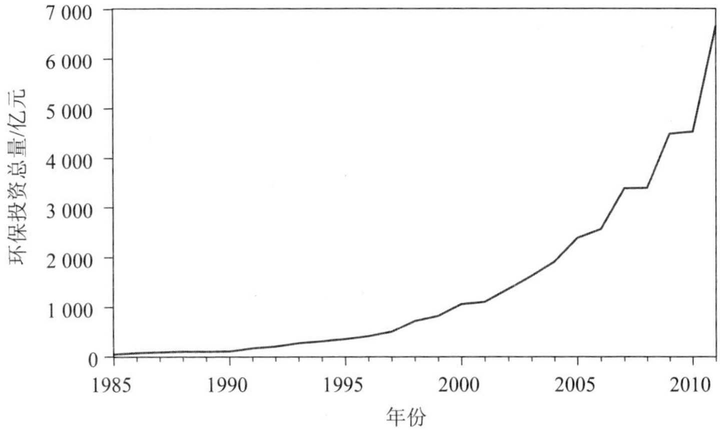

图 7-2 EI（环保投资总量）变化曲线

以上原始数据经过取对数再取一阶差分后得到 DLNEI，由其折线图（图 7-3）可以看出时间序列 DLNEI 较为平稳，对其进行 ADF 检验后（表 7-7），得知时间序列 DLNEI 可以通过 ADF 检验，所以，DLNEI 为平稳序列。

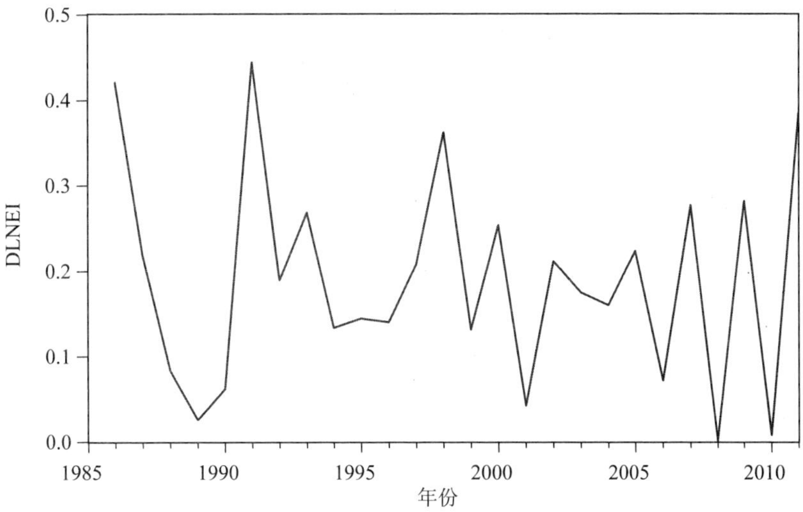

图 7-3 DLNEI 变化曲线图

表 7-7 DLNEI 的 ADF 检验结果

		t	P 值
ADF 统计量		−6.465 569	0.000 1
显著性	1%	−4.440 739	—
	5%	−3.632 896	—
	10%	−3.254 671	—

(2)模型识别和定阶。作出时间序列 DLNEI 的直到滞后 10 期的 ACF 和 PACF 图（图 7-4）。

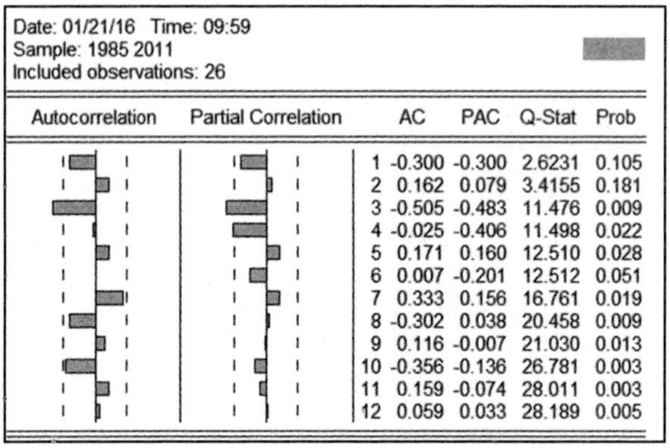

图 7-4 DLNEI 的 ACF 和 PACF 图

由自相关图和自相关系数统计量知，显著不为 0 的自相关个数有 1 个（对应滞后期为 3），由偏自相关图和偏自相关系数统计量知显著不为 0 的偏自相关个数有两个，对应滞后期为 3 和 4，因此考虑 p 和 q 的不同组合（3，3）、（4，3），再运用最佳准则函数定价法，即 AIC 准则，选取使得模型的 AIC 值最小的那组阶数为理想阶数，通过比较，取 p=2，q=2，即考虑 ARMA（2，2）模型。

（3）模型的估计。运用 ARMA（2，2）模型来拟和 DLNEI 数据，结果见表 7-8。

表 7-8 ARMA（2，2）拟合结果

变量	系数	标准误差	t	P 值
C	0.579 803	0.083 248	6.964 775	0.000 0
DLNEI（−1）	−1.577 463	0.149 045	−10.583 79	0.000 0
DLNEI（−2）	−0.681 266	0.147 622	−4.614 937	0.000 2
MA（1）	1.545 895	0.088 825	17.403 92	0.000 0
MA（2）	0.919 558	0.056 656	16.230 68	0.000 0

其拟合方程为：

$$\mathrm{DLNEI}_t=0.58-1.577\times \mathrm{DLNEI}_{t-1}-0.681\times \mathrm{DLNEI}_{t-2}+1.546\times U_{t-1}+0.919\,1U_{t-2}$$

（4）模型的检验。对随机时序进行检验，主要是通过检验模型残差序列是否为纯随机序列噪声来进行。如果残差序列不是白噪声，则意味着残差序列还存在有用信息未被提取，需要进一步改进模型。对 ARMA（2，2）模型的残差项进行白噪声检验，结果如图 7-5 所示，从中可以看出自相关图和偏自相关图取值都在虚线以内，说明残差项估计的自相关函数和偏自相关函数值在 0.05 的检验水平上与零没有显著差异，得出残差序列相互独立噪声检验。因而可以诊断该模型是可行的，可用于预测分析。

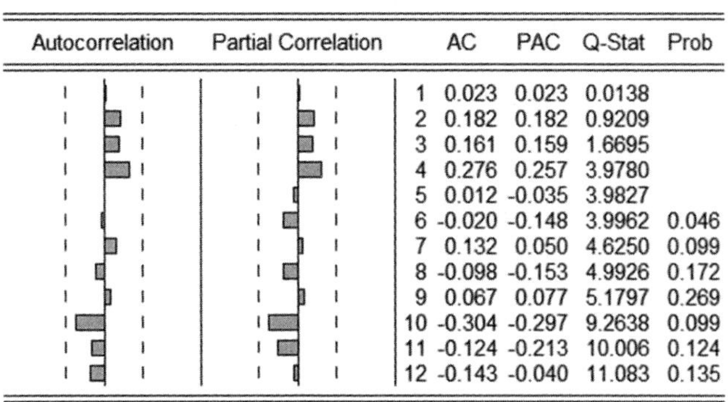

	AC	PAC	Q-Stat	Prob
1	0.023	0.023	0.0138	
2	0.182	0.182	0.9209	
3	0.161	0.159	1.6695	
4	0.276	0.257	3.9780	
5	0.012	-0.035	3.9827	
6	-0.020	-0.148	3.9962	0.046
7	0.132	0.050	4.6250	0.099
8	-0.098	-0.153	4.9926	0.172
9	0.067	0.077	5.1797	0.269
10	-0.304	-0.297	9.2638	0.099
11	-0.124	-0.213	10.006	0.124
12	-0.143	-0.040	11.083	0.135

图 7-5 残差序列的自相关图和偏自相关图

利用此模型对2016—2020年环保投资总量进行预测，结果如表7-9所示。

表7-9 ARMA（2，2）模型预测结果 单位：亿元

年份	2016	2017	2018	2019	2020
预测值	10 842.9	23 340.7	15 286.2	31 573.0	23 966.4

7.1.2.3 基于多元线性回归模型的环保投资需求预测

环保投资的影响因素较为复杂，研究常开展其与经济发展、固定资产投资、财政支出等指标的关系分析。应用SPSS软件计算环保投资与GDP、固定资产投资、财政支出、工业增加值4个指标的相关性系数。结果表明，环保投资与财政支出相关性最强，相关系数达0.995，与GDP的相关性次之，相关系数为0.993，详细结果见表7-10。

表7-10 环保投资影响因素相关性分析

	环保投资	GDP	固定资产投资	财政支出	工业增加值
环保投资	1	0.993**	0.989**	0.995**	0.988**
GDP	0.993**	1	0.988**	0.997**	0.998**
固定资产投资	0.989**	0.988**	1	0.995**	0.977**
财政支出	0.995**	0.997**	0.995**	1	0.990**
工业增加值	0.988**	0.998**	0.977**	0.990**	1

为提高预测准确性，采取逐步回归法对以上4个因素进行筛选分析，以构建环保投资需求的多元线性回归模型。选取1985—2010年的环保投资额及影响因素建立回归方程。

建立预测模型如下：

$$Y = a + b_1X_1 + b_2X_2 + b_3X_3 + b_4X_4$$

式中：Y—— 环保投资预测值；

X_1—— GDP；

X_2—— 固定资产投资；

X_3—— 财政支出；

X_4—— 工业增加值；

a、b_1、b_2、b_3、b_4—— 模型参数。

将上述数据输入 SPSS 中，用逐步回归法筛选出模型的自变量，财政支出进入模型中，而 GDP、固定资产投资、工业增加值被移除。模型拟合效果为优，拟合优度超过 99%。

表 7-11 回归系数模拟表

模型		非标准化系数		t	Sig.
		B	标准误差		
1	（常量）	−17.324	75.929	−0.201	0.842
	财政支出	0.064	0.002	31.710	0.000

a. 因变量：环保投资。

由表 7-11 得到线性回归方程为：

$$Y=-17.324+0.064X$$

式中：Y—— 环保投资额；

X—— 财政支出。

为检验回归模型用于预测环保投资的有效性，基于建立的方程对 2013—2015 年的环保投资额进行预测，并与实际值对比以验证其有效性，比较结果显示，拟合效果较好，误差范围为 0.9%～2.5%。

在对“十三五”环保投资进行预测时，回归模型中财政支出是未知的，故需先对财政支出作预测，分析 1985—2014 年财政支出变化情况可以看出，其呈逐年增长趋势，假设“十三五”期间财政支出仍保持逐年增长趋势，年均增速与“十二五”持平，基于该假设，利用回归方程对“十三五”期间的环保投资额进行预测，预测结果如表 7-12 所示。

表 7-12 基于线性回归的 2016—2020 年环保投资需求预测 单位：亿元

年份	2016	2017	2018	2019	2020	“十三五”合计
环保投资额	12 061.7	13 457.3	15 014.3	16 751.1	18 688.7	75 973.1

7.1.2.4 结果对比分析

以上选用线性回归模型、灰色 GM（1，1）模型和 ARMA（*p*，*q*）模型 3 种方法对“十三五”期间的环保投资进行了预测，模型预测结果及检验的平均误差如表 7-13 所示。从模型预测的误差来看，多元线性回归模型预测的平均误差最小，仅为 1.5%，而且，该方法下的模拟结果是建立在环保投资与财政支出的关联之上，其他两种方法均是从环保投资自身历史数据出发得出的预测结果，其结果更具参考性，从以上两点出发，“十三五”环保投资最可能达到多元线性回归模型下的结果，5 年合计约为 7.6 万亿元。

表 7-13 “十三五”环保投资预测结果对比分析

方法	2016 年/亿元	2017 年/亿元	2018 年/亿元	2019 年/亿元	2020 年/亿元	合计/亿元	平均误差/%
多元线性回归	12 061.7	13 457.3	15 014.3	16 751.1	18 688.7	75 973.1	1.5
灰色 GM（1，1）	12 941.8	14 768.0	16 851.9	19 229.9	21 943.4	85 375	6.4
ARMA（2，2）	10 842.9	23 340.7	15 286.2	31 573.0	23 966.4	105 009	10.7

7.2 环保投资优化建议

7.2.1 加大环保投资力度，强化投资供给

从政府和社会两个层面同时加大环保投资力度。建议中央财政继续加大环保资金投入，逐年增加大气和水污染防治专项资金规模，设立土壤污染防治专项资金。通过规划目标考核、环保投资信息公开等方式倒逼地方政府环保资金投入。

为引导社会资本环保投入，应以环境保护基金、环境领域 PPP、环境污染第三方治理为抓手，完善财政、税收与金融支持政策，创新资源组合开发，健全投资回报机制。鼓励地方开展项目或政策试点，树立标杆，引领示范，总结经验，推广复制。

7.2.2 提高资金使用效率，强化以效付费机制

加强财政资金支持项目绩效考核，强化以效付费机制。打破资金原有分散疲软格局，参考良好湖泊竞争立项分配模式，按因素分配法与竞争立项法组合分配专项资金。建立基于绩效的专项资金分配机制与奖惩机制，综合采用财政奖励、投资补助、融资费用补贴、政府付费等方式，在项目投资补助、竞争立项等方面强化资金使用绩效。专项资金使用要逐步从“补建设”向“补运营”“前补助”向“后奖励”“买工程”向“买服务”转变，以体现绩效导向和不同时期投资重点转变。为支持和引导环保投融资机制创新，资金使用方式要向第三方治理、PPP 项目倾斜。

加强资金投入与规划的衔接。专项资金使用要进一步强化中央对环境保护的调控导向与重大规划目标的支撑，加大对跨区域、跨流域等重大规划实施、重大项目建设、重大政策实施、环境保护薄弱环节和领域等方面的引导。确保项目环境效益与中央既定环境目标的符合性、一致性，要强化资金的合力并突出资金使用重点，解决以往项目遍地开花、预期效益与实际效果落差较大的局面，避免在范围上过散、在项目上过全、在资金分配上过于平均等问题。促进开发性金融和社会资本投向规划范围内的重点任务和项目，避免成为结果的统计。

加强技术创新研发投入，提升技术水平，提高治污效率。建议通过建立环保先进技术发展机制和环保服务模式创新机制，完善对治污领域基础性、战略性、前沿性技术研发的政策与资金支持机制，健全环保先进技术示范应用的鼓励性政策制度，加快技术成果共享与转化，推动创新服务模式推广应用。

7.2.3 以财政专项资金落实政府事权，以环保基金强化市场引导

以专项资金落实政府环境事权。环境基本公共服务属于政府事权，在合理划分政府事权的基础上，建立事权和支出责任相适应的制度，以专项资金支持政府环境事权范围内的项目。考虑到环境保护的公益性，避免环境保护资金统筹到其他领域，环境保护专项资金应进一步强化而非压缩。

针对环保投入不足问题，创新政府环保投资安排方式，采用财政资金引导、社会资本投入为主、市场运作的方式，建立国家环境保护基金，重点支持环保政府和社会资本合作项目、环境污染第三方治理项目融资，采取低息贷款、股权投资、以奖代补等投入方式，充分调动地方和市场活力，预计财政资金可实现放大撬动社会资本 20 倍左右。

7.2.4 以融资担保与债券为重点，强化绿色金融融资支持

构建我国绿色金融体系，做好整体战略规划，以设立环境金融机构、创新绿色金融产品、创新环境金融服务、健全绿色金融政策四大重点方向，先易后难、逐步突破，统筹协调“一行三会”、发改部门、财税部门、环保部门、金融机构等多方力量，推动跨部门合作，促进环境金融自主、有序、规范发展，实现环境保护需求与金融资本供给的有效融合。

加强金融机构政策引导。完善绿色金融政策环境，对银行制定差别化的监管和激励政策，探索研究在环境金融项目贷款额度内适当减免存款准备金、营业税减免、存贷比剔除等措施，给予符合条件的绿色金融融资更高的不良贷款容忍度和更宽松的呆坏账核销政策等，允许符合条件的绿色金融贷款不纳入存贷比考核。对绿色金融给予财政税收支持，降低商业银行办理绿色金融业务的营业税率以及相关所得税税率等。

推进金融产品和服务创新。鼓励开发贷款周期长、融资成本低的创新金融产品，建立向金融机构推介 PPP 项目的常态化渠道，鼓励金融机构为相关项目提高授信额度、增进信用等级。支持开展排污权、收费权、购买服务协议质（抵）押等担保贷款业务，探索利用污水垃圾处理等预期收益质押贷款。积极鼓励政府、金融机构、担保公司等设立联合担保基金，对污染治理项目、环保企业发展提供融资担保服务。鼓励各类企业按照产值集资建立融资担保公司，建立风险分担机制及担保标准，为参与集资的企业环境污染防治项目提供融资担保服务。鼓励银行与担保公司提供政策性拨款预担保服务。探索土壤、地下水修复等环境保护领域采用租赁方式进行融资，解决专业仪器设备适用范围窄、使用时间短的问题，避免企业不必要的大额开销，减轻资金链压力，降低投资风险，实现轻资产运营。

拓展 PPP 项目投融资渠道，大力发展直接融资，鼓励保险资金通过股权投资计划、债权投资计划、资产支持计划等多种模式，支持 PPP 项目建设。加强国家专项建设基金投入环境保护领域。

7.2.5 加强社会资本投入引导，落实环境领域 PPP 项目

我国正在实施的大气、水、土壤污染防治三大行动计划，估算总资金需求约 8.56 万亿元，其中政府投资需求约 3.84 万亿元。据初步估算，“十三五”期间政府环保投资总额约 8 000 亿元。如果不加大污染治理投入或创新环保投资模式，三大行动涉及的资金将难以保障，预期目标也将难以实现。在政府资金缺口较大的情况下，推行 PPP 既是国家导向，又是环境保护现实需求。环保领域推行 PPP 应重点抓好下述 3 个方面：

（1）健全投资回报机制，创新投资回报模式。在城市生活污水处理领域重点完善价格机制，推行厂网一体模式。在黑臭水体治理、河道整治、土地修复、湿地建设、良好湖泊保护等领域与城市经营相结合，释放和提升资源品质，推行与土地资源、旅游资源、农业开发等资源组合开发模式。污泥处置、垃圾处置等鼓励资源综合利用，鼓励投资方采取污泥资源化、污水回用等方式增加合理收益。农村生活垃圾收运处置采用村收集—镇转运—就地资源化的处理处置模式。在有条件地区的农村生活污水处理领域推行供排水一体化模式。

（2）降低社会资本投资成本。在农村污水垃圾处理领域推行区域项目捆绑，实行规模化经营，降低社会资本投资成本。实施环保企业税收优惠等降低社会资本投资成本。落实污水处理厂营改增、劳务免征增值税等税收政策。污水处理行业增值税率比照现代服务业 6%的增值税税率计征（目前按照一般纳税人的 17%税率计征），明确退税时限，实行即征即退。参照高新技术企业税收优惠政策，探索水污染治理企业所得税减免。比照由国家财政部门拨付事业经费的单位免征房产税和土地使用税政策，在全国范围内实行对污水处理生产经营性用房及所占土地的房产税和城镇土地使用税实行免征。

（3）降低社会资本投入风险。政府部门要重合同、守信用、具有契约精神，形成一套透明公开、可预期的政策制度安排。加强 PPP 项目绩效考评，将污染物

达标排放、环境质量状况、公众满意度、设施稳定运行情况等作为重要指标。强化依效付费机制，将服务费用支付与绩效评价结果挂钩，“依效付费”“优质优价”。向社会公开污染治理绩效结果、服务费用支付情况等，接受公众监督，建立公平、公开、透明的市场环境，提高供给方服务质量与效率。鼓励采取第三方支付体系。

7.2.6 强化项目储备，提高项目质量

鼓励开展 PPP 项目规划，提高质量，促进落地。各地环境保护部门应联合财政部门按照相关规划与项目实施要求，积极组织编写环境保护领域 PPP 项目规划（或实施计划），明确环境保护领域 PPP 项目推进的总体目标、重点领域、推进措施等。规划（或实施计划）编制要注重科学性、系统性、时效性、可行性等，确保项目按计划、按步骤、分阶段实施。

落实项目前期工作，强化项目实施基础。各地区要结合环境保护“十三五”规划、环境保护行动计划、主要污染物减排计划、重点流域与区域污染防治规划以及相关专项规划，开展项目可行性研究和初步设计等，加强环境保护领域 PPP 项目前期工作。

加强项目储备、跟踪和管理。各地区环境保护部门应从水污染防治、大气污染防治、土壤污染防治等重点领域筛选 PPP 模式适用项目，建立环境保护领域 PPP 项目库，对入库项目的实施进度、实施效果、实施影响等进行跟踪管理。

第 8 章　未来环保投融资新特点

在当前经济步入新常态、财税体制改革等宏观背景和新形势下，我国环保投融资将呈现以下新特点。

8.1　社会资本投入将日趋占据主导

随着环境污染第三方治理和环境保护领域 PPP 的广泛推行，我国以企业和政府为主导的环境保护投入格局将发生变化，属于政府事权和企业事权的环保投资事项，通过政府和社会资本合作、环境污染第三方治理等方式，吸引符合条件的环保企业、金融机构和非金融机构投资者，将带来以社会资本为主导的多元化环境保护投融资格局。

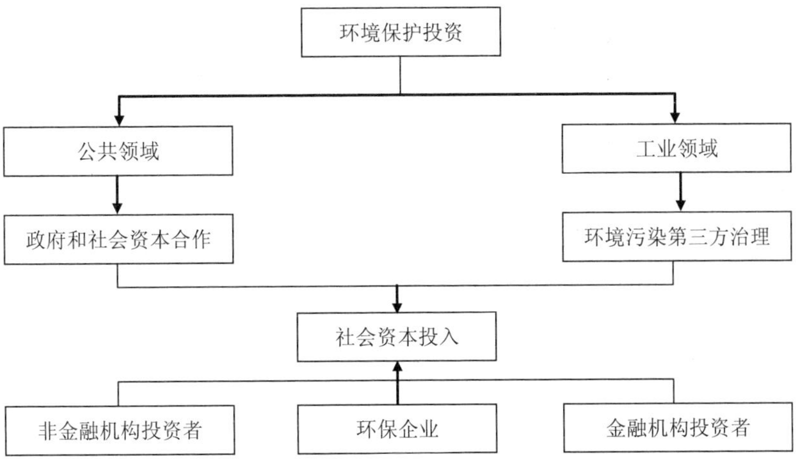

图 8-1　社会资本投入将日趋占据主导

（1）环境污染第三方治理将带来以企业投资为主的工业污染治理格局向以社会资本为主的工业污染治理格局转变，促进多元化环保投融资机制形成。推行环境污染第三方治理模式，符合全面深化改革大势。2013 年 11 月，党的十八届三中全会《中共中央关于全面深化改革若干重大问题的决定》提出了加快生态文明制度建设，建立吸引社会资本投入生态环境保护的市场化机制，推行环境污染第三方治理。2014 年，国务院发布《关于推行环境污染第三方治理的意见》（国办发〔2014〕69 号），拟以环境公用设施、工业园区等领域为重点推动建立排污者付费、第三方治理的治污新机制，提升我国污染治理水平，吸引和扩大社会资本投入。2015 年 7 月，国家发展和改革委员会、财政部、住房和城乡建设部、环境保护部等四部委联合印发《关于开展环境污染第三方治理试点示范工作的通知》，目的在于促进部分地区探索建立污染治理的有效模式，努力形成促进第三方治理的监管制度和政策支持体系，形成一批可复制、可推广的管理制度和典型模式，更好地在全国范围推进第三方治理工作。

（2）政府和社会资本合作模式（PPP）将带来以财政投资为主的公共服务投资格局向以社会资本为主的公共服务投资格局转变，将进一步拓宽环保投资渠道。作为投融资模式重大创新与项目管理方式的重大转变，PPP 模式已成为加强公共产品和服务供给质量与效率的重要途径。国家先后出台数十项政策文件，明确在包括环境保护等在内的相关领域积极引入社会资本，推广 PPP 模式。为落实《水污染防治行动计划》，财政部、环境保护部制定出台《关于推进水污染防治领域政府和社会资本合作的实施意见》（财建〔2015〕90 号），积极引入社会资本投入水污染防治领域。在环境保护领域积极推进 PPP 模式，将有利于环境保护市场进一步开放。我国部分地区在环境保护领域积极探索实践 PPP 模式（专栏 8-1）。

专栏 8-1　各地环境 PPP 项目需求多、体量大

财政部 PPP 中心数据显示，截至 2016 年 9 月 30 日，纳入 PPP 综合信息平台项目库的项目数量为 10 471 个，总投资规模 12.46 万亿元，其中执行阶段项目 946 个，总投资额 1.56 万亿元，落地率 26%。项目库共包括能源、交通运输、水利建设、生态建设和环境保护、市政工程等 19 个一级行业。其中，环境类 PPP 项目数、投资额分别为 1 974 个、1.24 万亿元，分别占入库项目总数、总投资额的 18.9%、10%。从细分项来看，污水处理项目 809 个，总投资 2 052 亿元；管网建设项目 270 个，总投资 3 760 亿元；垃圾处理项目 314 个，总投资 707 亿元；生态建设和环境保护项目 581 个，总投资 5 882 亿元。

初步统计，在各省、市、区公布的 PPP 项目中，环保类 PPP 项目，包括污水处理、垃圾处理、生态环境方面，共计 162 个，总投资约 523 亿元。污水处理项目共 113 个，投资额 315 多亿元，约占总额的 60%，其中，福建省推出的 PPP 项目都和污水处理相关，安徽、四川、湖南的污水处理项目都占省内项目的六成以上。此外，垃圾处理项目共 33 个，约占总数的 20%，投资额达 60.46 亿元，比重约占 16%，其中 21 个项目出自四川。生态环境项目虽然在数量上最少，但项目投资额较大，16 个项目总投资额近 147 亿元。

8.2　环保资金使用将以效果为导向

（1）按效付费的资金使用方式能够有效提升资金使用效率。推行环境绩效合同服务，强化资金投入效果是顺应环境管理战略转型的需要，是实现环境质量改善为核心的重要举措。推行环境绩效合同服务，资金投入绩效将逐步与财政资金分配、政府付费等挂钩，财政资金使用将由“买工程”向“买服务”转变，将推进环保投资从规模型向效益型转变，环境保护项目重投资、轻效益的现象也将得到一定改观。

（2）按效付费的资金使用方式是未来资金使用的方向。2014 年 12 月国务院发布的《关于推行环境污染第三方治理的意见》（国办发〔2014〕69 号），明确提出对以政府为责任主体的城镇污染场地治理和区域性环境整治等，采用环境绩效合同服务等方式引入第三方治理。国务院于 2015 年 4 月印发的《水污染防治行动计划》，特别强调采取环境绩效合同服务、授予开发经营权益等方式，鼓励社会资本加大水环境保护投入。财政部、环境保护部于 2015 年 4 月联合印发的《关于推进水污染防治领域政府和社会资本合作的实施意见》，明确提出要建立政府、服务使用者共同参与的综合性评价体系，推广第三方绩效评价，形成评价结果应用机制和项目后评价机制。按效付费的资金使用方式逐步通过各类文件得到固化。

（3）地方环境保护PPP项目已探索建立按效付费机制。建立基于效果付费的机制是确保社会资本提高公共服务和产品供给质量与效率的重要措施。宁波市城市内河治理 PPP 项目，政府财政投入从集中性、一次性投入变为三级支付方式，即水质日常养护总价的50%作为月度维护费用，根据月度考核结果，以季度为单位进行支付；水质日常养护总价的 30%作为年度维护费用，根据年度考核结果，以年度为单位进行支付；水质日常养护总价的 20%作为综合维护费用，根据 3 年后综合考核结果予以支付。广西竹排江环境综合整治项目也建立明确的水质考核点位，依据水质改善效果，向社会资本支付费用。

8.3 绿色金融将拓展环保融资渠道

（1）金融资金是环保投资的重要来源。环境保护形势日益严峻，突发性污染事件频发，资源保护和污染防治需要多措并举，导致包括工业污染治理、环境基础设施建设、饮用水水源地保护、地下水污染防治、流域综合整治与生态修复等各类工程项目资金需求巨大，仅靠政府财力与企业自有资金无力解决资金缺口问题。同时，银行和非银行金融机构等大量资本不断寻求合适的投资机会，供需同时存在，只有两者找到最佳结合点，才能真正破解环保项目融资瓶颈。发展绿色金融成为环境保护领域拓展融资渠道的必然选择和发展趋势，也将成为环保投资的重要组成。

（2）发展绿色金融符合相关重要文件精神。2014 年 12 月国务院发布的《关于推行环境污染第三方治理的意见》（国办发〔2014〕69 号），明确提出鼓励银行业金融机构创新金融产品和服务，开展节能环保信贷资产证券化，研究推进能效贷款、绿色金融租赁、碳金融产品、节能减排收益权和排污权质押融资。鼓励保险公司开发相关环境保险产品，引导高污染、高环境风险企业投保。国务院于 2015 年 4 月印发的《水污染防治行动计划》，特别强调积极发挥政策性银行等金融机构在水环境保护中的作用，重点支持循环经济、污水处理、水资源节约、水生态环境保护、清洁及可再生能源利用等领域。环保、银行、证券、保险等方面要加强协作联动，于 2017 年年底前分级建立企业环境信用评价体系。鼓励涉重金属、石油化工、危险化学品运输等高环境风险行业投保环境污染责任保险。财政部、环境保护部于 2015 年 4 月联合印发的《关于推进水污染防治领域政府和社会资本合作的实施意见》，明确提出要尽快建立向金融机构推介 PPP 项目的常态化渠道，鼓励金融机构为相关项目提高授信额度、增进信用等级。鼓励环境金融服务创新，支持开展排污权、收费权、政府购买服务协议及特许权协议项下收益质押担保融资，探索开展污水垃圾处理服务项目预期收益质押融资。

（3）我国正朝着构建完整的绿色金融体系积极实践。国际上通行的绿色金融体系主要包括六类：绿色银行、绿色贷款、绿色债券、绿色保险、绿色金融产品、绿色私募股权和风险投资基金。其中，绿色银行、绿色保险、绿色私募股权和风险投资基金等在我国发展相对缓慢。然而，我国政府已开始高度重视绿色金融问题，积极推动绿色金融方式拓展环保融资渠道。截至 2013 年对 21 家银行进行统计，绿色贷款余额达到 5.2 万亿元，占比是 8.7%，主要支持可再生能源和新型能源、环保产业和节能产业等。

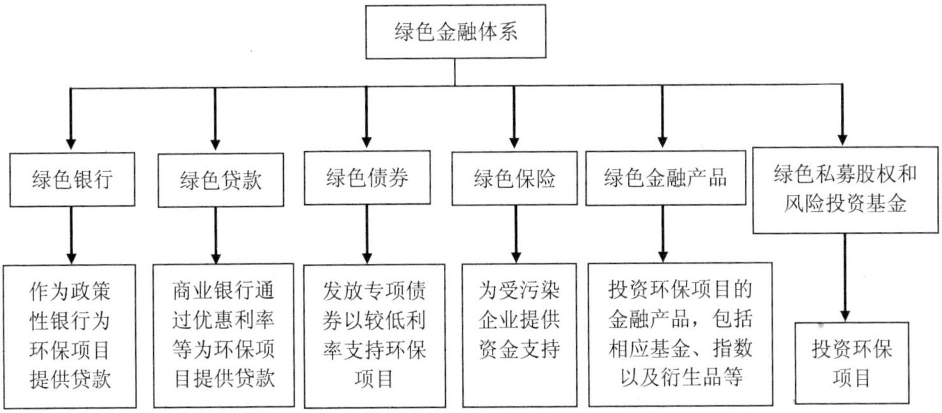

图 8-2　绿色金融体系框架

8.4　模式创新将实现环保融资新突破

（1）模式创新是现阶段我国拓展环保融资渠道的基础手段。建立投资回报机制是环境保护项目吸引社会资本投资的前提条件。我国绝大多数环境保护项目，缺乏现成的盈利模式和投资回报机制，必须通过模式与机制创新才能实现融资突破。以水污染防治领域为例，除部分市政生活污水处置项目以外，其他绝大多数项目均具有典型的公益性特征，缺乏盈利机制，难以形成商业模式，需要区分经营性、准经营性、公益性三类项目，分别构建社会资本投资回报机制。对经营性项目，可采用使用者付费方式。对准经营性项目，可采用使用者付费与政府可行性缺口补助方式。对公益性项目，除采用政府付费方式以外，还可以鼓励捆绑、资源组合开发等盈利模式创新。组合开发等创新模式可以撬动社会资本环保投入，成为环境保护融资新手段。

（2）我国环境保护领域投融资模式创新已形成初步思路。对于饮用水水源地保护、地下水污染治理及修复、湖泊水体保育、湖滨河滨缓冲带建设、湿地建设、河流生态建设、生态涵养林建设、生物多样性保护等公益性较强、没有直接经济收益但外部收益性较好的项目，可通过与周边土地开发、供水项目、林下经济、生态农业、生态渔业、生态旅游等经营性较强的项目组合开发，吸引社会资本参与。城市污水管网建设可与污水处理、污泥处置、中水回用等项目捆绑，鼓励实施城乡供排水一体化、厂网一体模式开发建设。市县、乡镇和村级污水收集和处理、垃圾处理项目按行业“打包”投资和运营，降低建设和运营成本，提高投资效益。

（3）部分地区在环境保护领域积极推行组合开发创新模式。贵州南明河水环境综合整治二期项目拟采用 PPP 模式，通过公开方式选择社会资本统一实施项目投资、设计、建设、运营、移交，采用“特许经营+政府购买河道服务”的组合模式，新建污水处理厂运营期限为 30 年。政府购买河道服务，运营期限为 10 年。经测算，预计第一阶段投资的 20.27 亿元，由社会化投资人负责。政府通过财政预算、污水处理收费等支付购买服务费用，平衡项目投资及收益。重庆市乡镇污水处理拟采用按行业“打包”投资和运营方式，降低建设和运营成本，提高投资效益。安徽省池州市污水处理设施“厂网一体、以市代县”PPP 项目是列入住房和城乡建设部、财政部的污水处理类 PPP 模式试点项目，已于 2015 年 1 月 1 日正式按 PPP 模式运行管理。

参考文献

[1] 吴舜泽，逯元堂，朱建华，等. 中国环境保护投资研究[M]. 北京：中国环境出版社，2014.

[2] 逯元堂，吴舜泽，陈鹏，等. “十一五”环境保护投资评估[J]. 中国人口·资源与环境，2012，22（10）：43-47.

[3] 陈六君，王大辉，方福康. 中国污染变化的主要因素——分解模型与实证分析[J]. 北京师范大学学报（自然科学版），2004，4：561-568.

[4] 周静，杨桂山. 江苏省工业污染排放特征及其成因分析[J]. 中国环境科学，2007，2：284-288.

[5] 吴舜泽，等. 中国环境保护投资失真问题分析与建议[J]. 中国人口·资源与环境，2007，17（3）：112-117.

[6] 吴舜泽，逯元堂，等.“十五”期间中国环境保护投资分析[R]. 重要环境信息参考，2006，2（9）.

[7] 黄泉川，扈文丽. 我国环境保护投融资机制创新研究[J]. 财经理论与实践，2006，27（5）：50-55.

[8] 杨竞萌，王立国. 我国环境保护投资效率问题研究[J]. 当代财经，2009，30（9）：20-25.

[9] 何平林，刘建平，王晓霞. 财政投资效率的数据包络分析——基于环境保护投资[J]. 财政研究，2011（5）：31-34.

[10] 陶敏. 我国环境治理投资效率评价研究[J]. 技术经济与管理研究，2011（9）：89-92.

[11] 戴红昆. 环境污染治理投资效率的综合评价研究[D]. 河北大学.

[12] 韩强，曹洪军，宿洁. 我国工业领域环境保护投资效率实证研究[J]. 经济管理，2009（5）：154-160.

[13] 张平淡，袁浩铭，杜雯翠. 我国工业领域环保投资效率及其影响因素分析[J]. 大连理工大学学报（社会科学版），2016，1：6-10.

[14] 张庆民，王海燕，欧阳俊. 基于 DEA 的城市群环境投入产出效率测度研究[J]. 中国人口·资源与环境，2011，2：18-23.

[15] 王宝顺，刘京焕. 中国地方城市环境治理财政支出效率评估研究[J]. 城市发展研究，2011，4：71-76.

[16] 聂华林，陈绍俭. 西部地区工业污染治理效率评价研究——基于 DEA 和 Malmquist 指数的实证分析[J]. 开发研究，2010，4：5-8.

[17] 严晓星，陈劭锋，刘扬. 我国工业污染治理动态效率研究[J]. 工业技术经济，2012，5：153-160.

[18] 李胜文，李新春，杨学儒. 中国的环境效率与环境管制——基于 1986—2007 年省级水平的估算[J]. 财经研究，2010，2：59-68.

[19] 胡艳，吴振鹏. 中国区域环境治理投资效率的实证分析——以 28 个省市（地区）为例[J]. 当代经济研究，2013，5：39-44.

[20] 张亚斌，马晨，金培振. 我国环境治理投资绩效评价及其影响因素——基于面板数据的 SBM-TOBIT 两阶段模型[J]. 经济管理，2014，4：170-179.

[21] 袁华萍. 基于 DEA 视窗分析的中国环境治理投资效率研究[J]. 生态经济，2016，4：154-157.

[22] 孙慧，王媛. 基于 DEA 的 Malmquist 指数在城市基础设施投资效率评价中的作用[J]. 科技进步与对策，2008，25（10）：97-99.

[23] 逯元堂，吴舜泽，陈鹏，等. 环保投融资政策优化重点与方向[J]. 环境保护，2014，42（13）：42-44.

[24] Leontief W. Environmental repercussions and the economic structure：An input-output approach. Review of Economics Statistics，1970，52（3）：262-271.

[25] 郭菊娥，郭广涛，孟磊，等. 4 万亿投资对中国经济的拉动效应测算分析[J]. 管理评论，2009，21（2）：98-102.

[26] 中国投入产出学会课题组. 最终需求对国民经济及其各部门的诱发分析——2002 年投入产出表系列分析报告之四[J]. 统计研究，2007（2）：9-15.

[27] 许宪春，刘起运. 中国投入产出理论与实践[M]. 北京：中国统计出版社，2005：689-698.

[28] 李景华. 基于投入产出局部闭模型的中国房地产业经济增长结构分解分析[J]. 系统工程理论与实践，2012，32（4）：785-789.

[29] 逯元堂，宋玲玲，高军. PPP 模式下黑臭水体治理依效付费机制思路与框架设计[J]. 环境保护，2016（23）：35-37.

[30] 逯元堂. 政企合作如何提高治污效率？[N]. 中国环境报，2016-04-19（9）.

[31] 逯元堂. 环境领域 PPP 模式：特点、影响及关注点[N]. 现代物流报，2015-10-25（B01）.

[32] 逯元堂. 环保投融资政策创新势在必行[N]. 上海证券报，2015-07-21（12）.

[33] 孙广见. 利用 PPP 模式发展环保产业仍有壁垒[N]. 中国能源报，2015-06-29（24）.

[34] 吴舜泽. 水污染防治实施 PPP 模式招数新[N]. 中国环境报，2015-05-13（2）.

[35] 彭岩波，徐顺青，逯元堂，等. 环保投资对环保产业拉动作用的定量研究——基于投入产出模型[J]. 生态经济，2016（7）：92-95，120.

[36] 逯元堂，徐顺青，赵云皓，等. 环保投资和环保产业的国民经济影响作用研究[J]. 环境保护科学，2016（6）：1-5.

[37] 陈鹏，逯元堂，高军，等. 我国绿色金融体系构建及推进机制研究[J]. 环境保护科学，2016，42（1）：52-56.

[38] 逯元堂，吴舜泽，陈鹏，等. 构建绿色金融体系，应遵循怎样的思路？[J]. 环境经济，2016（Z3）：28-33.